TECTÓNICA DE PLACAS

Y Fenómenos Geodinámicos

JOSÉ RUIZ WATZECK

WATZECK HOME STUDIUS DIGITAL

CONTENIDO

PREFACIO

El trabajo presentado al lector surge como una diligente síntesis del amplio espectro de conocimientos sobre la tectónica de placas y la sismología, áreas intrínsecamente interconectadas que desvelan los misterios de la dinámica terrestre. En un contexto en el que la comprensión de las complejidades geológicas y geofísicas es de vital importancia para la comprensión y predicción de los fenómenos naturales, este trabajo pretende no sólo dilucidar conceptos básicos, sino también suscitar reflexiones sobre las fronteras del conocimiento científico y los desafíos que impregnan estos campos de estudio.

Desde los inicios de la civilización, la curiosidad humana por la naturaleza intrínseca del planeta Tierra ha impulsado investigaciones que van desde las manifestaciones geológicas más elementales hasta las sutilezas de las interacciones tectónicas. Comprender la evolución de estos estudios, desde las conjeturas iniciales sobre la deriva continental hasta los sofisticados análisis sísmicos contemporáneos, es imperativo para una comprensión integral de las ciencias de la Tierra.

En este libro nos proponemos trazar un camino que trasciende los límites temporales y geográficos, pasando desde las primeras concepciones visionarias de los científicos pioneros hasta los avances tecnológicos que actualmente permean el campo de la sismología. Abordaremos las múltiples facetas de la tectónica de placas, desde sus fundamentos teóricos hasta aplicaciones prácticas que abarcan los dominios de la ingeniería, la geología aplicada y la mitigación de desastres naturales.

A lo largo de las páginas que siguen, invitamos al lector a sumergirse en un universo multifacético, donde las fuerzas titánicas que dan forma a la Tierra se revelan en toda su complejidad. Ya sea el estudiante ávido de conocimiento, el científico en busca de nuevas perspectivas o el profano que busca comprender los misterios del mundo que lo rodea, este libro aspira a ser un faro que ilumine los caminos de la comprensión y el conocimiento.

Que este viaje académico sea enriquecedor e inspirador, suscitando nuevas preguntas y perspectivas sobre los enigmas que impregnan la tectónica de placas y la sismología.

INTRODUCCIÓN

El presente trabajo pretende acometer un análisis exhaustivo y erudito de la tectónica de placas, una disciplina intrínsecamente relacionada con la comprensión de la dinámica terrestre y la estructuración de la superficie terrestre tal como la conocemos. La tectónica de placas surge como un paradigma unificador que explora los mecanismos subyacentes a la evolución geológica del planeta, ofreciendo conocimientos fundamentales sobre los procesos que han dado forma y continúan dando forma a su topografía, distribución de recursos y fenómenos naturales.

Desde los inicios de la civilización, la curiosidad humana sobre la naturaleza intrínseca de la Tierra ha instigado observaciones y especulaciones sobre su estructura y funcionamiento. Sin embargo, no fue hasta los últimos siglos que se comenzaron a sentar las bases del conocimiento científico moderno, impulsado por una combinación de observaciones empíricas, análisis geológicos y avances tecnológicos. En este contexto, las primeras teorías sobre el movimiento de las placas tectónicas surgieron como respuesta a observaciones cada vez más detalladas de la superficie terrestre y los fenómenos geológicos asociados.

La historia de las primeras observaciones y teorías sobre el movimiento de las placas se remonta a figuras notables de la ciencia, cuyas contribuciones visionarias sentaron las bases del paradigma contemporáneo de la tectónica de placas. Desde las especulaciones de Alfred Wegener sobre la deriva continental hasta los estudios pioneros de James Hutton sobre la geodinámica de la Tierra, cada hito refleja un viaje intelectual marcado por descubrimientos intrigantes y debates acalorados.

Por lo tanto, es imperativo comprender el contexto histórico y científico en el que surgieron las primeras teorías sobre la tectónica de placas, ya que esto permite apreciar la profundidad del conocimiento acumulado a lo largo de los siglos y la complejidad de los desafíos que enfrentan los científicos en la búsqueda de una comprensión integral de la Tierra y sus procesos geológicos. Este trabajo se propone explorar este panorama histórico, describiendo las contribuciones de figuras prominentes, la evidencia que respalda las teorías y los avances que dieron forma a la disciplina de la tectónica de placas tal como la conocemos hoy. Al hacerlo, buscamos proporcionar una base sólida para comprender los problemas contemporáneos y los desafíos futuros que impregnan este fascinante campo de la ciencia.

CAPÍTULO 1: PRELUDIO A LA TECTÓNICA DE PLACAS

El estudio de la estructura de la Tierra y del movimiento de los continentes se remonta a períodos antiguos de la historia humana, impregnados de concepciones míticas y especulativas. Sin embargo, no fue hasta los siglos XVIII y XIX que se comenzaron a sentar las bases de la geología moderna, impulsadas por una combinación de observaciones empíricas, razonamiento deductivo y avances en las técnicas de exploración geográfica.

Uno de los primeros intentos de sistematizar el conocimiento sobre la geodinámica terrestre fue realizado por James Hutton, cuya obra fundamental "Teoría de la Tierra", publicada en 1788, propuso la idea de un ciclo geológico continuo, caracterizado por procesos de erosión, sedimentación y metamorfismo. Aunque no abordó directamente el movimiento de los continentes, las ideas de Hutton sentaron las bases para entender la Tierra como un sistema dinámico en constante transformación.

Sin embargo, no fue hasta principios del siglo XX que la teoría de la deriva continental ganó notoriedad, bajo los auspicios del meteorólogo y geofísico alemán Alfred Wegener. En su obra "El origen de los continentes y los océanos", publicada en 1915, Wegener propuso la audaz hipótesis de que los continentes no eran entidades estáticas, sino fragmentos de una masa terrestre primordial que se había movido a lo largo del tiempo geológico. Para sustentar su teoría, Wegener utilizó evidencia paleontológica, geológica y climática, destacando la congruencia de fósiles, estructuras geológicas y patrones climáticos entre continentes distantes.

A pesar del impacto que causó la teoría de Wegener, su propuesta inicial fue ampliamente cuestionada por la comunidad científica de la época, que carecía de un mecanismo plausible para explicar el movimiento de los continentes. Sólo después de la Segunda Guerra Mundial, con el advenimiento de nuevas tecnologías y enfoques científicos, la teoría de la deriva continental evolucionó hacia la teoría de la tectónica de placas, un paradigma revolucionario que postula la existencia de placas litosféricas flotando sobre el manto de la Tierra e interactuando entre sí a lo largo de límites definidos.

La base teórica que subyace a la teoría de la deriva continental y la posterior teoría de la tectónica de placas ha sido corroborada por un conjunto diverso de evidencia que abarca múltiples dominios científicos. Entre ellos destacan el acuerdo paleontológico y la observación de conexiones geológicas en continentes distantes, cuya similitud y conexión sugerían elocuentemente una historia compartida.

La similitud de los fósiles encontrados en diferentes continentes fue uno de los pilares fundamentales que sustentaba la hipótesis de que estas masas de tierra habían compartido una historia geológica interconectada. El hallazgo de especies fosilizadas idénticas o estrechamente relacionadas en lugares geográficamente remotos, como la presencia de los mismos géneros de plantas y animales extintos en regiones hoy separadas por vastas masas de agua, proporcionó evidencia irrefutable de un vínculo pasado entre territorios que, al principio A simple vista, parecían distantes y aislados. Tal convergencia paleontológica ha desafiado la explicación convencional de la dispersión biológica y la migración de especies, sugiriendo en cambio un contexto geográfico más complejo y dinámico.

Además, la observación de incrustaciones geológicas complementó la evidencia paleontológica, proporcionando información tangible sobre los procesos geológicos que dieron forma a la superficie de la Tierra a lo largo del tiempo. En particular, la identificación de estructuras geológicas y formaciones rocosas que se extendían continuamente a través de fronteras continentales previamente concebidas como separadas por vastos océanos, consolidó la percepción de que dichas masas terrestres, en algún momento de la historia geológica, habían sido contiguas. Como ejemplo notable, la cordillera de los Apalaches, que se extiende desde el este de los Estados Unidos hasta las Islas Británicas, ha sido interpretada como una continuidad geológica que abarcaba continentes previamente unidos.

Así, la conjunción de esta evidencia, combinada con un examen crítico de las características morfológicas, geológicas y biológicas de los continentes, sentó las bases para una nueva comprensión de la dinámica planetaria. El reconocimiento de la existencia de una historia común y entrelazada entre continentes que alguna vez estuvieron cohesionados desencadenó una revolución conceptual en geología, marcando el advenimiento de una nueva era de exploración y descubrimiento en el campo de las ciencias de la Tierra.

Además de las aportaciones de Alfred Wegener y James Hutton, existen otras figuras destacadas y momentos históricos que desempeñaron papeles significativos en el desarrollo del preludio de la teoría de la tectónica de placas.

Alexander von Humboldt (1769-1859): este naturalista, geógrafo y explorador alemán es ampliamente reconocido por sus expediciones científicas en América del Sur entre 1799 y 1804. Durante sus viajes, Humboldt recopiló extensos datos geográficos, geológicos y biológicos, y sus observaciones fueron recopilados en su monumental obra titulada "Viaje a las Regiones Equinocciales del Nuevo Continente" (1814-1829). Humboldt enfatizó la importancia de un enfoque interdisciplinario para el estudio de la naturaleza, y su visión holística de la Tierra como un sistema dinámico interconectado influyó significativamente en los científicos posteriores, incluidos aquellos que contribuyeron al desarrollo de la teoría de la tectónica de placas.

Harry Hess (1906-1969): Hess fue un geólogo y oficial naval estadounidense cuyas investigaciones durante la Segunda Guerra Mundial dieron lugar a importantes contribuciones a la comprensión de la geología marina. En 1960, Hess propuso su teoría de la expansión del fondo marino, que postulaba que las dorsales submarinas se estaban formando por el vulcanismo a lo largo de las dorsales oceánicas, donde constantemente se creaba nueva corteza oceánica. El descubrimiento de una banda simétrica de magnetismo en el fondo del océano por Maurice Ewing y Bruce Heezen en 1961 proporcionó apoyo adicional a la teoría de Hess, lo que llevó a la aceptación generalizada de la tectónica de placas.

Marie Tharp (1920-2006) y Bruce Heezen (1924-1977): Tharp y Heezen colaboraron extensamente en la cartografía del fondo del océano durante la década de 1950. Su trabajo detallado reveló la presencia de una dorsal submarina central en el Océano Atlántico, conocida como la Cordillera Central. Atlantic Ridge y un profundo valle adyacente. Estos descubrimientos proporcionaron evidencia crucial para la teoría de la expansión del fondo marino y para comprender el movimiento de las placas tectónicas.

Los avances significativos en las tecnologías de mapeo y monitoreo, como la sismología, la gravimetría, el análisis de datos magnéticos y la invención del GPS, fueron esenciales para la confirmación y el refinamiento de las teorías de la tectónica de placas a lo largo del siglo XX y principios del XXI. Estas tecnologías han permitido a los científicos recopilar datos precisos sobre los movimientos de las placas, así como mapear la estructura interna y la dinámica de la Tierra con una precisión sin precedentes.

Las aportaciones de estas figuras y el desarrollo de estas tecnologías fueron fundamentales para la evolución del conocimiento sobre la tectónica de placas, proporcionando una base sólida para comprender los procesos geológicos que dan forma a nuestro planeta.

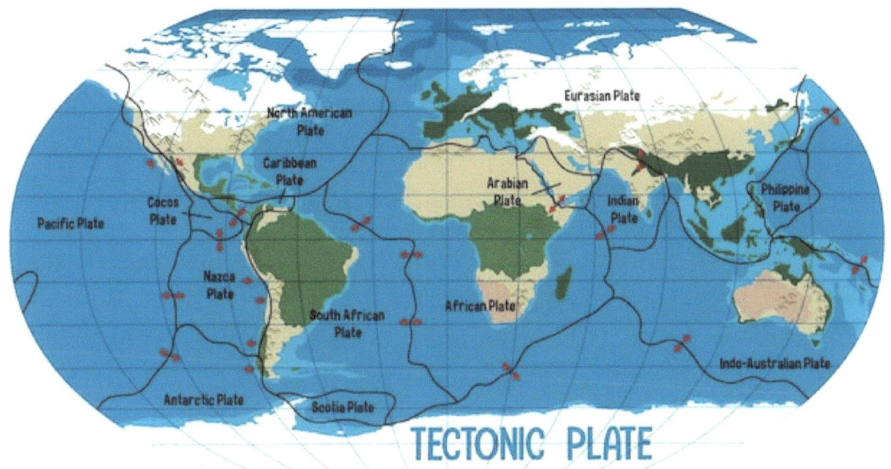

Las placas tectónicas son enormes bloques de roca que forman la corteza terrestre y se mueven a lo largo del manto terrestre. Hay varias placas tectónicas mayores y algunas menores. A continuación se muestran los nombres de las principales placas tectónicas y su ubicación:

1. Placa de América del Norte: cubre gran parte de América del Norte, Groenlandia y parte del Océano Atlántico.

2. Placa Sudamericana: Abarca la mayor parte de América del Sur.

3. Placa del Pacífico - Ubicada principalmente bajo el Océano Pacífico, es la placa tectónica más grande.

4. Placa Africana: se extiende por gran parte de África.

5. Placa Euroasiática - Incluye la mayor parte de Europa y Asia.

6. Placa Indoaustraliana: comprende la India, Australia, partes del Océano Índico y la región sur de Asia.

7. Placa Antártica: cubre la mayor parte de la Antártida.

Además de estas, existen placas más pequeñas, como la Placa de Nazca, Placa Filipina, Placa del Caribe, entre otras, que juegan un papel importante en los movimientos tectónicos y la formación de accidentes geológicos en la Tierra.

CAPÍTULO 2: FUNDAMENTOS CONCEPTUALES DE LA TECTÓNICA DE PLACAS

La comprensión de la dinámica terrestre y la evolución de la superficie de la Tierra se enriquece con la exploración meticulosa de conceptos clave inherentes a la teoría de la tectónica de placas. Estos conceptos, esenciales para la interpretación de los procesos geológicos en curso, delinean las complejas interacciones entre las masas rocosas que forman la litosfera de la Tierra, proporcionando un marco conceptual esencial para comprender los mecanismos que dan forma a la topografía de la Tierra en escalas temporales.

Uno de los pilares fundamentales de la teoría de la tectónica de placas radica en la concepción de los bordes de las placas, donde se producen las interacciones primordiales entre las masas tectónicas que forman la corteza terrestre. Estos bordes se clasifican en tres categorías distintas, cada una caracterizada por procesos geológicos únicos que reflejan los fenómenos tectónicos en acción:

Bordes divergentes: Uno de los tipos fundamentales de límites tectónicos, se caracterizan por la separación y separación gradual de placas tectónicas adyacentes, permitiendo el ascenso de material magmático desde el manto terrestre para llenar el espacio resultante. Este fenómeno, conocido como expansión del fondo marino, es el principal impulsor de la formación de nueva corteza oceánica y desempeña un papel central en la dinámica geológica del fondo oceánico y en la configuración de la topografía de la Tierra.

La actividad tectónica en bordes divergentes se observa a menudo en las dorsales oceánicas, cadenas de montañas submarinas que corren a lo largo de los océanos del mundo. En estos lugares, las placas tectónicas se están alejando unas de otras, impulsadas por fuerzas de tensión horizontal que promueven el rifting y la formación de nueva corteza oceánica. A medida que las placas se separan, el magma asciende desde el manto terrestre a través de grietas en la corteza, llenando vacíos y solidificándose para formar nuevos segmentos de corteza oceánica.

La expansión del fondo marino a lo largo de bordes divergentes se evidencia por una serie de características geológicas distintas. Las dorsales en medio del océano se caracterizan por una topografía alta y estrecha donde rocas volcánicas recientemente solidificadas forman una cresta central. A partir de esta dorsal, la recién formada corteza oceánica se extiende simétricamente hacia ambos lados, formando llanuras abisales marcadas por fisuras y fallas geológicas.

Además de la peculiar topografía, los bordes divergentes también van acompañados de una importante actividad volcánica. El vulcanismo submarino es común a lo largo de las dorsales oceánicas, con frecuentes erupciones de lava basáltica que contribuyen al crecimiento continuo de la corteza oceánica. Estas erupciones forman estructuras geológicas conocidas como conos volcánicos y fisuras eruptivas, que son testigos directos del proceso de formación de nueva corteza oceánica.

Por lo tanto, los bordes divergentes representan una faceta esencial de la dinámica tectónica global, desempeñando un papel crucial en la formación y evolución de los océanos y la expansión en curso de la corteza terrestre. El estudio detallado de estos límites tectónicos ofrece información valiosa sobre los procesos geológicos en funcionamiento y la evolución de la superficie de la Tierra a lo largo de eras geológicas.

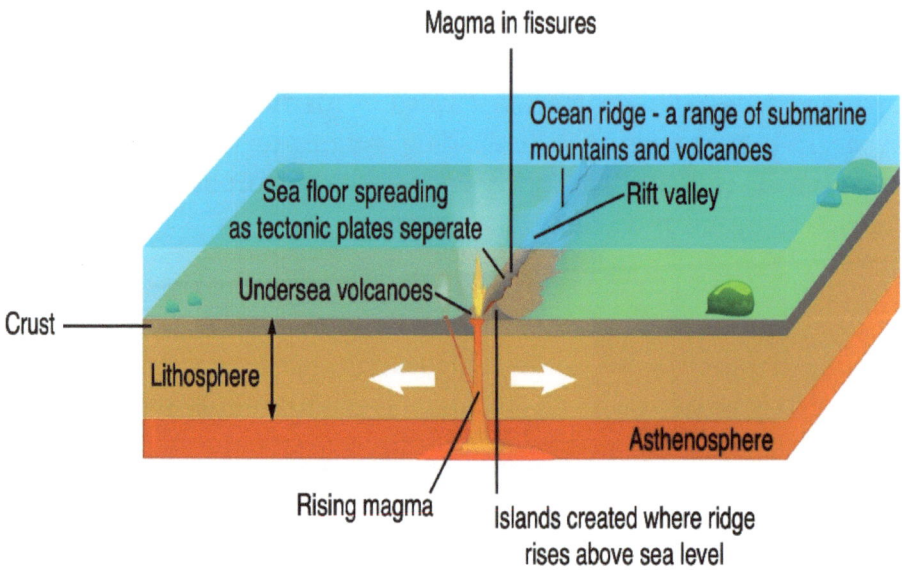

Bordes convergentes: una categoría fundamental de límites tectónicos, representan lugares donde dos placas tectónicas se acercan entre sí, lo que resulta en interacciones geológicas complejas que dan forma a la morfología y estructura de la corteza terrestre. Este fenómeno está intrínsecamente ligado a la subducción, colisión y reciclaje de la litosfera oceánica y continental, desencadenando una serie de sorprendentes procesos geológicos que incluyen actividad volcánica, formación de cadenas montañosas y deformación de la corteza terrestre.

La subducción es uno de los principales procesos observados en los bordes convergentes y se produce cuando una placa oceánica densa se sumerge debajo de una placa continental adyacente. Este fenómeno suele ir acompañado de una intensa actividad sísmica y volcánica, ya que la placa oceánica se ve obligada a hundirse en el manto de la Tierra. Como resultado de este proceso, se pueden formar profundas fosas oceánicas, que representan algunas de las características más profundas de la litosfera de la Tierra, como la Fosa de las Marianas en el Océano Pacífico.

Además de la subducción, los bordes convergentes también

pueden ser escenario de colisiones continentales, donde dos placas continentales densas se encuentran y se comprimen. Esta colisión da como resultado la formación de espectaculares cadenas montañosas, caracterizadas por picos imponentes, fallas geológicas prominentes y una amplia variedad de procesos de erosión. Un ejemplo clásico de este fenómeno es la formación del Himalaya, donde la colisión entre las placas india y euroasiática ha provocado la elevación continua de esta majestuosa cadena montañosa.

La actividad volcánica es otra característica distintiva de los bordes convergentes, que resultan de la fusión parcial del material rocoso subducido y del magma ascendente del manto terrestre. Este magma suele estar enriquecido con volátiles y elementos químicos, lo que da lugar a la formación de volcanes y estratovolcanes explosivos a lo largo de zonas de subducción. Estos volcanes son un sello distintivo de los límites convergentes y pueden contribuir significativamente a la construcción y evolución de la topografía de la Tierra.

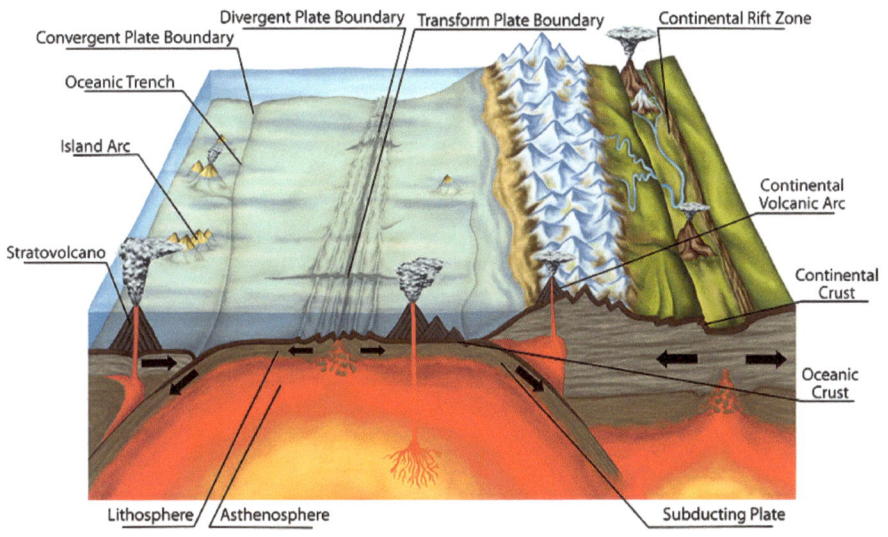

Subducción, tectónica de placas: créditos de imágenes Shutterstock

Bordes transformantes: también conocidos como fallas

transformantes, representan límites tectónicos donde dos placas se deslizan lateralmente entre sí, a lo largo de fallas geológicas profundas y extensas. Este fenómeno se caracteriza por un movimiento horizontal a lo largo de fallas transformantes, lo que a menudo resulta en una actividad sísmica significativa y la liberación de tensiones acumuladas durante el tiempo geológico.

Estos límites tectónicos están marcados por notables fallas geológicas, como la famosa Falla de San Andrés en California, Estados Unidos, que representa una de las fallas transformantes más estudiadas y conocidas del mundo. A lo largo de esta falla y otras similares se observa movimiento lateral entre placas tectónicas adyacentes, lo que puede resultar en desplazamientos importantes a lo largo del tiempo geológico.

La actividad sísmica es una característica destacada de los bordes de transformación, con frecuentes terremotos que ocurren a lo largo de fallas asociadas. Estos terremotos se generan por el movimiento de las placas tectónicas a medida que se deslizan e interactúan entre sí a lo largo de fallas transformadoras. Esta actividad sísmica puede variar en intensidad y frecuencia según la velocidad del movimiento de las placas y las características geológicas locales.

Además de los terremotos, las aristas de transformación también pueden ir acompañadas de otros fenómenos geológicos, como la aparición de cadenas montañosas submarinas y la formación de cuencas oceánicas. Estos procesos están influenciados por el movimiento relativo de las placas tectónicas y la interacción de las fallas transformantes con otras características geológicas de la región.

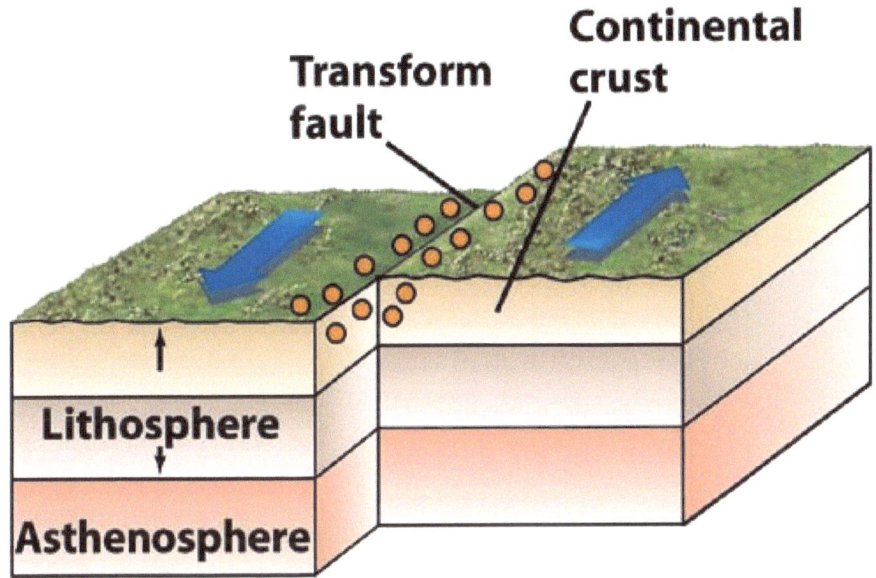

TRANSFORM FAULT BOUNDARY

Un estudio realizado porJason D. Chaytor, Geólogo Investigador del Servicio Geológico de los Estados Unidos, aborda la acción tectónica de placas en el noreste del Caribe, publicado en la Administración Nacional Oceánica y Atmosférica (NOAA), revela que Puerto Rico, junto con las Islas Vírgenes, se encuentra en un límite activo Área entre la Placa de América del Norte y la esquina noreste de la Placa del Caribe. La Placa del Caribe, de unos 80 millones de años, tiene una forma aproximadamente rectangular y se mueve hacia el este a un ritmo de aproximadamente dos centímetros por año en relación con la Placa de América del Norte. El movimiento a lo largo de su margen norte, en la zona límite de las placas, es principalmente lateral, con un pequeño componente de subducción, en el que una placa se hunde debajo de otra.

Por el contrario, a medida que la Placa del Caribe avanza hacia el este, se superpone a la Placa de América del Norte, formando el arco de islas de las Antillas Menores, donde hay volcanes activos. Actualmente no hay actividad volcánica en Puerto Rico y las Islas

Vírgenes, y los últimos volcanes activos datan de hace unos 30 millones de años.

La Fosa de Puerto Rico, ubicada al norte del país, es la parte más profunda del Océano Atlántico, con profundidades de agua que superan los 8.300 metros (5,2 millas), comparables a las profundas fosas del Océano Pacífico. Mientras que las fosas en el Pacífico ocurren donde una placa tectónica se desliza debajo de otra, la Fosa de Puerto Rico está ubicada en un límite entre dos placas que pasan una sobre la otra, con solo un pequeño componente de subducción. La profundidad de la fosa varía según la magnitud de la componente de subducción, siendo menos pronunciada cuanto mayor es esta componente.

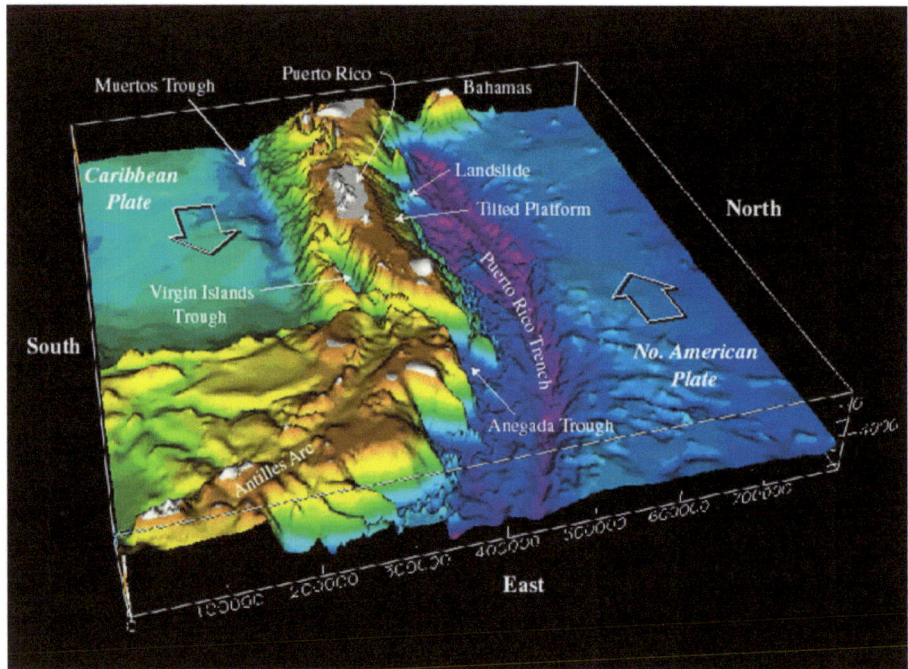

Termimetría de la esquina noreste de la placa del Caribe.
Imagen cortesía de EE.UU. Estudio geológico

La profundidad excepcional del fondo marino no se limita solo a la fosa, que se extiende hacia el sur, hacia Puerto Rico, donde una gruesa plataforma de piedra caliza (carbonato), originalmente depositada en capas planas cerca del nivel del mar, ahora se inclina uniformemente hacia el norte. Su margen norte está situado a una profundidad de 4.200 metros (2,6 millas), mientras que su margen sur emerge a tierra en Puerto Rico, a unos cientos de metros sobre el nivel del mar.

Al sur de Puerto Rico y las Islas Vírgenes, características como la Depresión de los Muertos y cuencas sedimentarias profundas como las cuencas de Whiting y las Islas Vírgenes reflejan aún más la actividad tectónica pasada y actual. Esta prolongada historia geológica de actividad en los límites de las placas ha dado como resultado la formación de un terreno submarino complejo, aún en gran parte desconocido.

La región se caracteriza por una alta sismicidad y una historia de terremotos de gran magnitud. Por ejemplo, en 1943 se produjo un terremoto de magnitud 7,5 al noroeste de Puerto Rico, seguido de terremotos de magnitud 8,1 y 6,9 al norte de La Española en 1946 y 1953, respectivamente. Otros eventos sísmicos significativos incluyen un terremoto en 1787 (magnitud 8,1), posiblemente en la Fosa de Puerto Rico, y otro en 1867 (magnitud 7,5) en la Fosa de Anegada, al sur de las Islas Vírgenes.

Además, la región presenta un claro riesgo de tsunamis. Poco después del terremoto de 1946, un tsunami azotó el noreste de La Española, avanzó varios kilómetros tierra adentro y provocó un gran número de ahogamientos. En 1918, un terremoto de magnitud 7,5 generó un tsunami que mató al menos a 40 personas en el noroeste de Puerto Rico.

En el Caribe se observan varias causas de tsunamis, incluidos terremotos, deslizamientos de tierra submarinos, erupciones volcánicas submarinas, flujos piroclásticos submarinos y grandes tsunamis conocidos como teletsunamis. Debido a su densidad de población y su extenso desarrollo cerca de la costa, Puerto Rico enfrenta un riesgo significativo de terremotos y tsunamis.

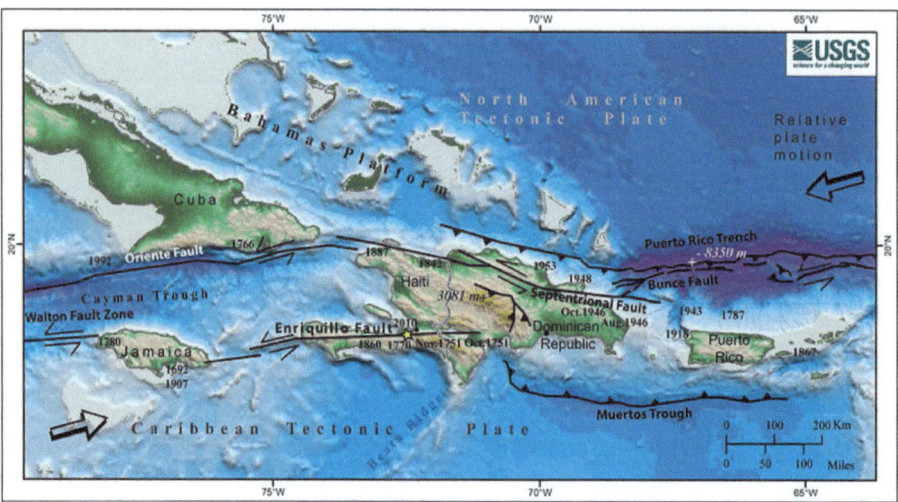

Mapa del límite de las placas tectónicas de América del Norte y el Caribe. Los colores indican la profundidad bajo el nivel del mar y la elevación en tierra. Los números en negrita son los años de terremotos históricos moderadamente grandes (mayores de magnitud 7) escritos junto a sus ubicaciones aproximadas. El asterisco indica la ubicación del terremoto del 12 de enero de 2010 en Haití. Las líneas del lecho de barras muestran el límite donde una placa o bloque se hunde debajo de otro. Las líneas gruesas con medias flechas representan fallas a lo largo de las cuales dos bloques se cruzan lateralmente. Imagen cortesía de EE.UU. Estudio geológico

Otro dato relevante es la evidencia paleomagnética, que juega un papel crucial en la validación y comprensión de la teoría de la tectónica de placas. Esta evidencia se basa en el análisis del registro magnético conservado en rocas antiguas, que proporciona información valiosa sobre la posición y orientación de los continentes a lo largo del tiempo geológico.

El campo magnético terrestre se genera por el movimiento de corrientes eléctricas en el núcleo externo de la Tierra, compuesto principalmente de hierro líquido. Este campo magnético es fundamentalmente dipolar, lo que significa que tiene un polo norte magnético y un polo sur magnético. A lo largo de la historia de la Tierra, el campo magnético ha variado en dirección e intensidad, y las rocas formadas en diferentes momentos de la historia de la Tierra conservan una "huella digital" del campo magnético que existía en el momento en que se formaron.

Al estudiar las propiedades magnéticas de las rocas antiguas, los geólogos pueden determinar la dirección y la fuerza del campo magnético en el momento en que se formaron estas rocas. Esto se hace mediante el análisis de minerales magnéticos, como la magnetita, que tienden a alinearse con las líneas del campo magnético de la Tierra durante su formación. Cuando las rocas se enfrían por debajo de una determinada temperatura, conocida como temperatura de Curie, estos minerales "bloquean" su orientación magnética, preservando así una imagen del campo magnético que existía en ese momento.

Al examinar rocas de diferentes edades y ubicaciones en todo el mundo, los geólogos pueden reconstruir la historia de la deriva continental y los movimientos de las placas tectónicas. Por ejemplo, las rocas formadas en diferentes latitudes tendrán diferentes direcciones magnéticas, lo que reflejará el movimiento de los continentes a lo largo del tiempo geológico. Además, la presencia de inversiones magnéticas, en las que el campo magnético de la Tierra invierte sus polos norte y sur, también es evidente en muchas rocas antiguas, lo que proporciona evidencia adicional de la dinámica del campo magnético de la Tierra y la deriva continental.

Por lo tanto, la evidencia paleomagnética es una herramienta poderosa para reconstruir los movimientos de las placas tectónicas y validar la teoría de la tectónica de placas, proporcionando una ventana única a la historia geológica de la Tierra.

En los últimos años se han logrado avances significativos en la comprensión y modelización de los procesos tectónicos, así como en la mejora de la tecnología de observación y recopilación de datos. Estos avances han permitido un análisis más detallado y preciso de la dinámica de las placas tectónicas y los fenómenos geológicos relacionados. Entre las novedades más destacables destacan las siguientes:

Modelado computacional avanzado: La mejora de la tecnología computacional ha permitido crear modelos cada vez más sofisticados para simular procesos tectónicos. Estos modelos incorporan una amplia gama de variables, como la viscosidad del manto, la distribución del calor dentro de la Tierra y la interacción de las placas tectónicas. Estas simulaciones contribuyen a una comprensión más profunda de cómo los diferentes factores influyen en el movimiento de las placas y ayudan a predecir escenarios futuros.

Imágenes de alta resolución del interior de la Tierra: Nuevas técnicas de imagen, como la tomografía sísmica, han permitido obtener imágenes detalladas del interior de la Tierra con una resolución sin precedentes. Estas técnicas permiten identificar estructuras como plumas del manto, zonas de subducción y fallas geológicas, proporcionando una comprensión más refinada de la estructura de las placas tectónicas y sus interacciones.

Monitoreo continuo de la actividad sísmica y volcánica: las redes globales de monitoreo sísmico y volcánico permiten el monitoreo en tiempo real de la actividad geológica a escala global. Estos incluyen terremotos, erupciones volcánicas y movimientos de placas tectónicas. Estos datos en tiempo real son fundamentales para comprender mejor la distribución y los patrones de la actividad geológica, así como para predecir y mitigar los riesgos naturales asociados.

Exploración de áreas poco conocidas: Con el avance de la tecnología de exploración submarina, se han investigado con mayor detalle áreas previamente poco exploradas, como las dorsales oceánicas y las fosas abisales. Esta exploración ha dado como resultado descubrimientos sorprendentes, incluidas nuevas especies marinas, formaciones geológicas únicas y procesos tectónicos previamente desconocidos. Estos descubrimientos han ampliado nuestro conocimiento sobre la dinámica de la tectónica de placas y los procesos geológicos submarinos.

El efecto de la tectónica de placas sobre la geografía y la vida en la Tierra es profundo y multifacético. El movimiento de las placas tectónicas juega un papel crucial en la formación y configuración de continentes, océanos y accidentes geográficos. Además, influye directamente en el clima, la distribución de los ecosistemas y la evolución de las especies a lo largo del tiempo geológico.

Los movimientos de placas tectónicas pueden provocar la separación de continentes, la formación de cadenas montañosas, la apertura y cierre de cuencas oceánicas y cambios en la circulación oceánica y atmosférica. Esto tiene un impacto significativo en la distribución de los biomas terrestres, la formación de desiertos, la creación de barreras geográficas para la migración de especies y la configuración de patrones climáticos regionales.

Además, la actividad tectónica como los terremotos y el vulcanismo pueden tener efectos directos sobre la vida en la Tierra. Los terremotos pueden provocar la destrucción de hábitats naturales, el desplazamiento de poblaciones humanas y daños a la infraestructura. Los volcanes pueden cambiar temporalmente el clima debido a la emisión de gases y partículas a la atmósfera, afectando la temperatura global y la composición química de la atmósfera.

Por otro lado, la tectónica de placas también puede crear condiciones favorables para la vida. Por ejemplo, la actividad volcánica puede enriquecer el suelo con minerales esenciales para el crecimiento de las plantas. La formación de cadenas montañosas puede crear una variedad de hábitats ecológicos, promoviendo la diversidad biológica. Además, la deriva continental puede facilitar el intercambio de especies entre continentes, impulsando la evolución y adaptación de los organismos. En los últimos años, los avances en la comprensión de la tectónica de placas han sido impulsados por el progreso tecnológico y la colaboración entre científicos de diferentes campos. Esta colaboración ha dado como resultado una visión más completa y detallada de los procesos geológicos que dan forma a la superficie de la Tierra, proporcionando una comprensión más clara de los peligros naturales asociados con estos fenómenos.

En resumen, la tectónica de placas ejerce una influencia profunda y compleja en la geografía y la vida en la Tierra. Los movimientos de las placas dan forma a los entornos naturales, influyen en los patrones climáticos y de biodiversidad y afectan directamente la supervivencia y el bienestar de las especies, incluidos los humanos. Esta mejor comprensión de los procesos tectónicos es fundamental para predecir y mitigar los peligros naturales y para una gestión más eficaz de nuestro planeta.

CAPÍTULO 3: MEDICIÓN Y SEGUIMIENTO DE LA TECTÓNICA DE PLACAS

En este capítulo, ingresamos al complejo dominio de la medición y el monitoreo en el ámbito de la tectónica de placas, un campo de estudio que descubre los mecanismos subyacentes a los movimientos telúricos. En este segmento, nos llevan a un viaje de investigación que trasciende la superficie de la Tierra, explorando los avances y desafíos inherentes a la captura y análisis de datos geodésicos y geofísicos. Estos esfuerzos, profundamente arraigados en los fundamentos de la ciencia geológica, no sólo descubren la dinámica intrínseca del planeta, sino que también describen las técnicas y tecnologías de vanguardia utilizadas en este esfuerzo. A través de un minucioso análisis de la actividad sísmica y volcánica, este capítulo busca no sólo dilucidar fenómenos geodinámicos, sino también brindar apoyo para la formulación de estrategias de prevención y gestión de riesgos geológicos. Por lo tanto, adentrarse en este capítulo no es sólo adentrarse en el abismo de la investigación científica, sino que también es una invitación a desentrañar los enigmas que habitan el interior de la Tierra, configurando nuestra comprensión del mundo que habitamos.

Técnicas de medición: En el estudio de la tectónica de placas, la precisión de las mediciones juega un papel central en la comprensión de los movimientos y las interacciones de las placas tectónicas. Entre las técnicas utilizadas destaca como herramienta fundamental la geodesia satelital. Utilizando sistemas de posicionamiento global, como el GPS, esta técnica permite detectar cambios mínimos en la posición de las placas a lo largo del tiempo. Estas mediciones refinadas y consistentes proporcionan una base sólida para el análisis geodinámico, lo que permite una cuantificación precisa de las tasas de desplazamiento de las placas y la identificación de patrones de movimiento.

Otro enfoque crucial es la sismología de alta precisión. A través de redes de estaciones sísmicas distribuidas globalmente, los científicos registran terremotos y analizan sus características para mapear la actividad sísmica en áreas fronterizas tectónicas. Estas mediciones sísmicas proporcionan información valiosa sobre la distribución espacial y temporal de los eventos sísmicos, lo que permite una comprensión más profunda de la actividad tectónica a escala global.

Además de las técnicas de geodesia y sismología, otras herramientas de medición desempeñan un papel importante en el análisis de la tectónica de placas. La magnetometría, por ejemplo, se utiliza para mapear la distribución del campo magnético de la Tierra e identificar anomalías magnéticas asociadas con estructuras geológicas, como zonas de subducción y dorsales oceánicas. Asimismo, la gravimetría se utiliza para mapear las variaciones en la gravedad de la Tierra, revelando la distribución de las masas de la corteza terrestre y proporcionando información sobre la estructura y evolución de las placas tectónicas.

Tecnologías de imagen: En el contexto de la investigación sobre tectónica de placas, las tecnologías de imágenes desempeñan un papel crucial en la visualización y análisis de las características de las placas tectónicas y sus interacciones. Una de las técnicas más destacadas es la tomografía sísmica, que utiliza datos de terremotos para mapear la estructura interna de la Tierra. Al analizar las ondas sísmicas generadas por los terremotos, los científicos pueden reconstruir imágenes tridimensionales de la distribución de materiales y estructuras dentro del planeta. Esto proporciona información relevante sobre la composición y dinámica de las placas tectónicas, además de ayudar a identificar procesos geológicos subyacentes, como la subducción y la intrusión magmática.

Otra tecnología importante es el sonar de barrido lateral, que se utiliza ampliamente para mapear el fondo del océano. Esta técnica utiliza ondas sonoras para crear imágenes de alta resolución del relieve submarino, revelando características geológicas como dorsales oceánicas, fosas abisales y fallas tectónicas. Además, el sonar de barrido lateral es esencial para identificar características submarinas asociadas con la actividad tectónica, como volcanes submarinos y cadenas montañosas.

Además de las técnicas mencionadas, otras tecnologías de imágenes desempeñan un papel importante en la investigación de la tectónica de placas. La magnetometría, por ejemplo, se utiliza para mapear la distribución del campo magnético de la Tierra, proporcionando información sobre la estructura y evolución de las placas tectónicas. Asimismo, se emplea el radar interferométrico de apertura sintética (InSAR) para medir desplazamientos superficiales con precisión milimétrica, permitiendo detectar deformaciones de la corteza terrestre asociadas a la actividad tectónica.

El radar interferométrico de apertura sintética (InSAR) es una técnica geodésica utilizada para identificar movimientos en la superficie terrestre. Las observaciones realizadas a través de InSAR son capaces de detectar, medir y monitorear cambios en la corteza terrestre relacionados con procesos geofísicos, como actividades tectónicas y erupciones volcánicas. Además, InSAR puede identificar hundimientos del terreno causados por influencias antropogénicas, como la exploración de aguas subterráneas o la extracción de hidrocarburos. Cuando se combina con sistemas de monitoreo geodésico terrestres, como los sistemas de navegación global por satélite, InSAR es capaz de identificar movimientos de superficie con una resolución espacial de milímetros a centímetros.

Esta técnica es aplicable en una amplia variedad de estudios relacionados con la deformación de superficies, tales como:

- Subsidencia y elevación inducidas por actividades antropogénicas, como la extracción de aguas subterráneas o hidrocarburos, o la reinyección en embalses durante la captura y almacenamiento de carbono.

- La deformación cosísmica se produjo durante los terremotos.

- Deformación post-sísmica e intersísmica en fallas corticales entre terremotos.

- Inflación/deflación de cámaras de magma subterráneas antes de erupciones volcánicas.

- Seguimiento de movimientos superficiales en entornos urbanos.

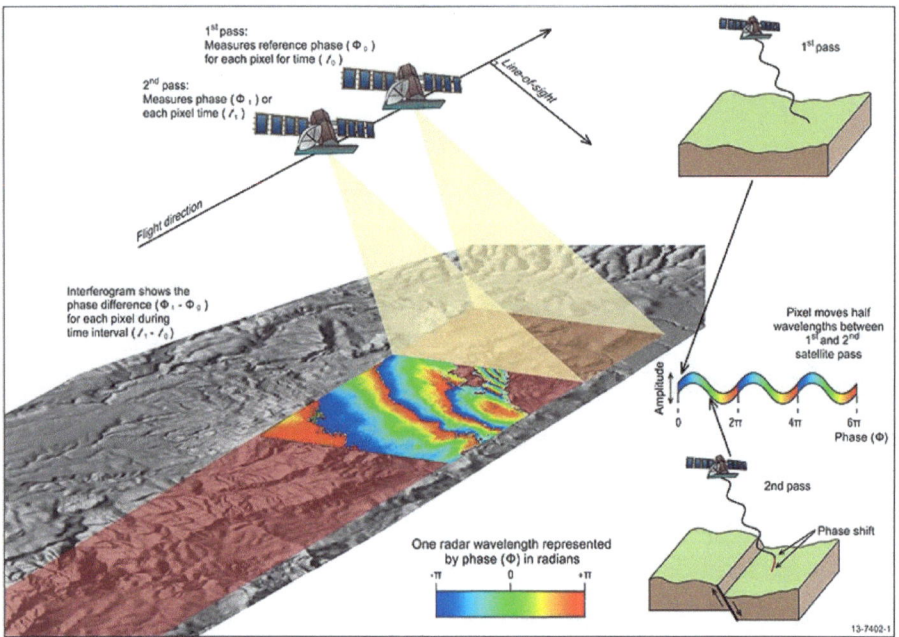

Se adquieren dos imágenes SAR de la misma zona en momentos diferentes. Si la superficie se mueve entre las dos adquisiciones, se registrará un cambio de fase. Un interferograma mapea espacialmente este cambio de fase.
FUENTE e IMAGEN: Gobierno de Australia;*Geociencia Australia*

InSAR emplea dos o más imágenes de radar de apertura sintética (SAR) de una región para rastrear los movimientos de la superficie a lo largo del tiempo. Los satélites de teledetección que capturan imágenes SAR emiten pulsos de energía de microondas a la superficie de la Tierra y registran la cantidad de energía reflejada. Debido a su baja sensibilidad a las nubes y la lluvia, el uso de energía de microondas brinda la capacidad de operar en cualquier condición climática.

Las imágenes SAR contienen datos sobre la superficie de la Tierra en forma de componentes de amplitud y fase de la señal de radar reflejada. La imagen de amplitud proporciona información sobre la topografía y la textura de la superficie, mientras que la imagen de fase revela la distancia entre el satélite y la superficie de la Tierra.

El InSAR diferencial utiliza dos imágenes SAR de la misma región, adquiridas en momentos diferentes. Si hay un cambio en la distancia entre el suelo y el satélite entre las dos adquisiciones debido al movimiento de la superficie, se producirá un cambio en la fase de la señal (Figura 1).

Cuando se visualiza espacialmente, el cambio de fase se representa como una señal "enroscada" dentro de un rango de 2 radianes, que aparece como una serie de franjas de interferencia en un interferograma (Figura 2A). Al desenrollar este interferograma, el número de franjas se ajusta para proporcionar un campo continuo de cambio relativo de fase (Figura 2B). Inicialmente, el interferograma contiene varios componentes de la señal, como residuos debidos a la órbita del satélite y variaciones atmosféricas durante las dos adquisiciones. Después de procesar una serie de interferogramas, es posible aislar el componente de la señal relacionado con el movimiento de la superficie.

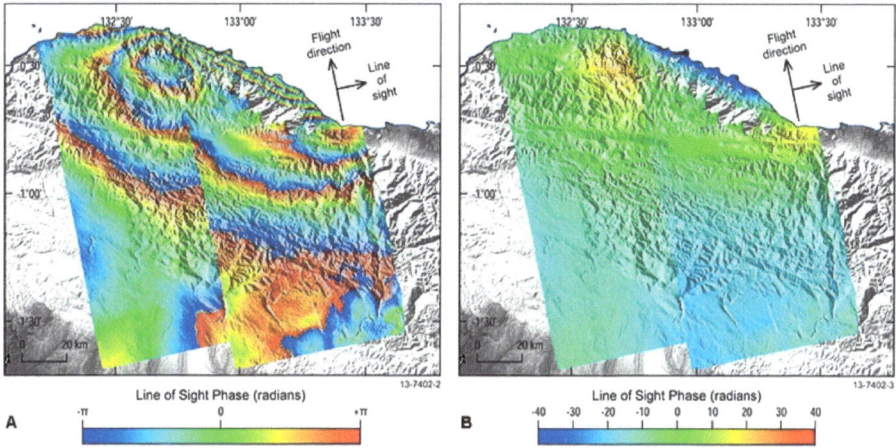

Figura 2: Interferograma envuelto (A) y no envuelto (B) de un doblete de terremoto que

*ocurrió en Papúa Occidental, Indonesia, creado utilizando datos del satélite japonés ALOS. Los terremotos de magnitud 7,6 y 7,4 ocurrieron el 3 de enero de 2009, con 3 horas de diferencia y fueron causadospor subducaquío en la trinchera marina de Manokwari, que estáElsituado al norte de la costa. La fase nElel empaquetado en radianes se puede convertir en 'mudanwrango' o desplazamiento en milesallámetros con conocimiento de la longitud de onda del radar del satélite.*FUENTE e IMAGEN: Gobierno de Australia;***Geociencia Australia***

Al integrar una serie de interferogramas en una región determinada, es posible generar mapas de velocidad y productos de series de tiempo (Figura 3). Un mapa de velocidad proporciona información sobre el desplazamiento de la superficie de cada píxel de la imagen durante el período de observación, mientras que el producto de series de tiempo registra la evolución de las posiciones de la superficie de un píxel en cada momento de adquisición. El primero es útil para mapear procesos geofísicos continuos a lo largo del tiempo, como la acumulación de deformación en una falla de la corteza terrestre bloqueada. Esto último es útil para identificar procesos geofísicos que varían significativamente en el tiempo y que pueden causar fluctuaciones en la dirección del desplazamiento de la superficie, como en el caso de la inflación y desinflación de una cámara de magma debajo de un volcán activo.

Envisat Asar: Fuente: Agencia Espacial Europea (ESA)

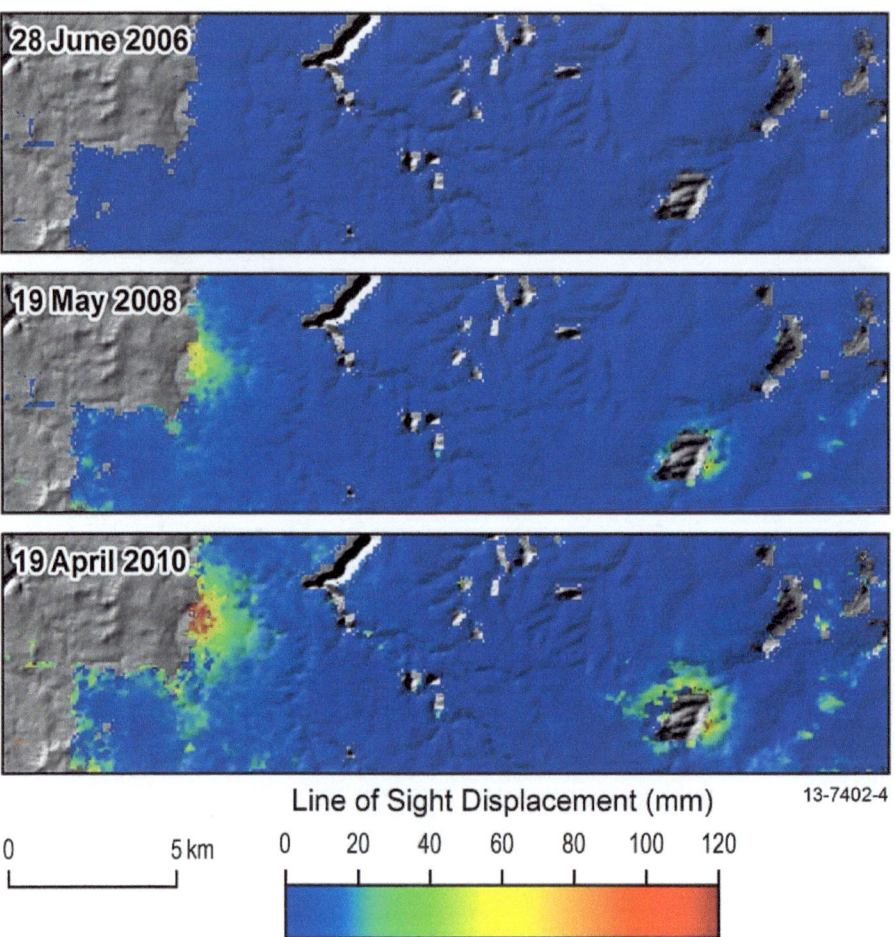

Figura 3: Producto de serie temporal de InSAR que muestra el desplazamiento acumulativo de la superficie a lo largo del tiempo para una pequeña región en las yacimientos de carbón del sur de Nueva Gales del Sur. Las observaciones de desplazamiento unidimensional están en la línea de visión del satélite. el camino inclinado entre el suelo y la posición del satélite. La polaridad positiva de la señal en dos zonas anómalas indica un alejamiento del satélite (es decir, hundimiento)

CAPÍTULO 4: UN ANÁLISIS EVOLUTIVO DE LAS ESCALAS SÍSMICAS: DE LA FUNDACIÓN RICHTER A LA COMPLEJIDAD DE LA MAGNITUD DEL MOMENTO

La escala de Richter es una escala de magnitud utilizada para cuantificar la energía liberada por un terremoto. Fue desarrollado en 1935 por el sismólogo Charles F. Richter, de California, Estados Unidos. Inicialmente, fue diseñado para medir terremotos en la región de California, pero con el tiempo se convirtió en una herramienta reconocida mundialmente para clasificar terremotos.

La escala es logarítmica, lo que significa que un aumento de un punto en la escala representa un aumento de 10 veces en la amplitud de la onda sísmica y aproximadamente 31,6 veces más energía liberada. Por ejemplo, un terremoto de magnitud 6 libera aproximadamente 31,6 veces más energía que un terremoto de magnitud 5.

A lo largo de los años, la escala Richter ha sufrido algunas revisiones y mejoras. Una de las principales razones de esto fue la necesidad de mejorar la precisión de las mediciones, especialmente en el caso de terremotos de gran magnitud. La escala de Richter original tenía limitaciones en cuanto a la distancia máxima a la que podía usarse de manera efectiva y la capacidad de medir terremotos muy grandes.

Hoy en día, la escala de Richter ha sido reemplazada en gran medida por la escala de magnitud del momento (o simplemente magnitud del momento), que es una medida más precisa de la energía total liberada por un terremoto. Sin embargo, el término "escala Richter" todavía se usa coloquialmente para describir la magnitud de un terremoto, aunque la magnitud real se determina utilizando otras escalas más avanzadas.

Para abordar la amplia gama de energía liberada en terremotos de diferentes magnitudes, la escala Richter utiliza un enfoque similar a la escala de magnitud estelar en astronomía, que describe el brillo de las estrellas y otros objetos celestes. Ambas escalas utilizan una escala logarítmica, con base 10.

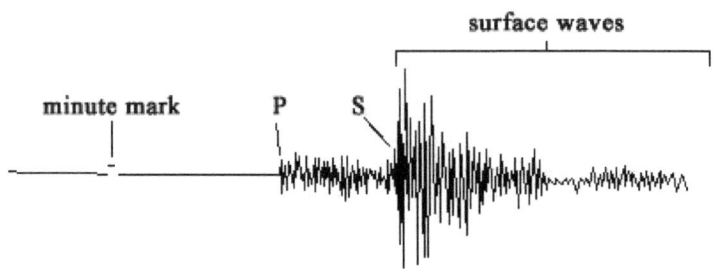

Utilizando valores fácilmente medidos en el registro gráfico del sismógrafo, el valor se calcula mediante la siguiente ecuación:

$$M = \log_{10} A + 3\log_{10}(8\Delta t) - 2,92 = \log_{10}\left(\frac{A \cdot \Delta t^3}{1,62}\right)$$

A= amplitud de las ondas sísmicas, en milímetros, medida directamente en el sismograma.

En= tiempo, en segundos, desde el inicio del tren de ondas P (primarias) hasta la llegada de las ondas S (secundarias).

METRO= magnitud arbitraria pero constante, aplicable a terremotos que liberan la misma cantidad de energía.

La liberación de energía durante un terremoto, directamente relacionada con su poder destructivo, corresponde a la potencia de 3/2 de la amplitud sísmica. Así, una diferencia de magnitud de 1,0 equivale a una multiplicación por un factor de $31,6$ en la energía liberada por el terremoto, mientras que una diferencia de magnitud de 2,0 equivale a una multiplicación por un factor de 1.000.

Debido a las limitaciones del sismógrafo torsional Wood-Anderson utilizado para desarrollar la escala, la magnitud original M_L no se puede calcular para terremotos con magnitudes superiores a $6,8$. Se han propuesto varias extensiones a la escala de magnitud local, siendo la más popular la magnitud de onda superficial (MS) y la magnitud de onda corporal (Mb).

Como resultado de esta limitación, el sistema internacional de vigilancia sísmica utiliza esta escala únicamente para determinar la energía liberada por sismos con magnitudes entre (2.0) y (6.9), con hipocentros a profundidades de $(0\ )$ en (400) kilómetros. Cuando un terremoto tiene una magnitud mayor que (6.9), la escala de Richter ya no es aplicable y la magnitud se evalúa utilizando la escala de magnitud de momento sísmico (M_w).

A pesar de su amplia difusión y uso, la escala sismológica de Richter presenta varias dificultades en su aplicación generalizada, lo que lleva a su progresiva obsolescencia frente a nuevas escalas desarrolladas a partir de parámetros físicamente mensurables.

El principal problema de la magnitud local (ML) o de Richter radica en la dificultad para establecer una relación con las características físicas del origen del terremoto. Además, existe un efecto de saturación para magnitudes cercanas a $(8,3-8,5)$, debido a la ley de distribución del espectro sísmico de Gutenberg-Richter, que da como resultado estimaciones de magnitud similares para terremotos de diferentes intensidades.

En las últimas décadas del siglo XX y principios del XXI, la mayoría de los sismólogos comenzaron a considerar obsoletas las escalas de magnitud tradicionales, siendo progresivamente sustituidas por una medida más significativa físicamente llamada momento sísmico, que relaciona parámetros físicos como el tamaño de la masa sísmica. ruptura y la energía liberada por el terremoto.

En 1979, los sismólogos Thomas C. Hanks y Hiroo Kanamori, investigadores del Instituto Tecnológico de California, propusieron la escala de magnitud de momento sismológica (M_W), que es una de las referencias utilizadas actualmente.

Los centros sismológicos más grandes del mundo son instituciones dedicadas al estudio y monitoreo de terremotos y actividades sísmicas. Algunos de los principales centros sismológicos incluyen:

1. Servicio Geológico de Estados Unidos (USGS): este es uno de los principales centros sismológicos del mundo, ubicado en los Estados Unidos. Proporciona información completa sobre terremotos en todo el mundo y opera la red sísmica nacional de EE. UU.

2. Instituto Geofísico del Perú (IGP) - Ubicado en Perú, el IGP es una institución líder en América Latina en investigación y monitoreo de actividades sísmicas.

3. Agencia Meteorológica de Japón (JMA): la JMA es responsable de monitorear los terremotos en Japón, una nación propensa a los terremotos debido a su ubicación en la unión de placas tectónicas.

4. Centro Sismológico Nacional (CSN) - Ubicado en Chile, el CSN es responsable de monitorear los terremotos en la región del Pacífico Sur, conocida por su alta actividad sísmica.

5. Centro Sismológico Europeo-Mediterráneo (EMSC): con sede en París, Francia, el EMSC monitorea y proporciona información sobre terremotos en la región euromediterránea y más allá.

En Brasil, el principal centro sismológico es el Observatorio Sismológico de la Universidad de Brasilia (Obsis-UnB). El Obsis-UnB es responsable del seguimiento de la actividad sísmica en el país y de las investigaciones relacionadas con terremotos y sismología. Desempeña un papel importante en la comprensión de la actividad sísmica en Brasil y en la mitigación de los riesgos asociados a los terremotos.

Además de los centros sismológicos mencionados anteriormente, muchos otros países alrededor del mundo tienen instituciones dedicadas a monitorear terremotos y actividades sísmicas. Algunos de estos países incluyen:

1. China - Administración de Terremotos de China (CEA)

2. Italia - Istituto Nazionale di Geofisica e Volcanologia (INGV)

3. Rusia - Academia Rusa de Ciencias (RAS), Instituto de Teoría de Predicción de Terremotos y Geofísica Matemática

4. Türkiye – Observatorio Kandilli e Instituto de Investigación de Terremotos (KOERI)

5. México - Servicio Sismológico Nacional (SSN)

6. Irán - Instituto de Geofísica, Universidad de Teherán

7. Nueva Zelanda - GeoNet

8. Indonesia - Agencia Indonesia de Meteorología, Climatología y Geofísica (BMKG)

Estos son sólo algunos ejemplos, y muchos otros países también tienen sus propias instituciones dedicadas al estudio y monitoreo de terremotos y actividad sísmica.

Estos centros, junto con muchos otros en todo el mundo, desempeñan un papel crucial en el seguimiento y mitigación de los riesgos relacionados con los terremotos y la actividad sísmica.

Los sismólogos Beno Gutenberg y Charles F. Richter

CAPÍTULO 5: SISMOLOGÍA Y TERREMOTOS

La sismología, una rama de la geofísica dedicada al estudio de los terremotos y los fenómenos sísmicos, es una disciplina sumamente importante para comprender los terremotos y mitigar los riesgos asociados a estos eventos naturales. Este capítulo propone una investigación detallada de los principios fundamentales de la sismología y la complejidad de los terremotos, explorando los procesos físicos subyacentes, los métodos de detección y monitoreo y los avances recientes en este campo de estudio.

Principios fundamentales de la sismología: propagación de ondas sísmicas

La propagación de ondas sísmicas constituye un fenómeno complejo, cuya comprensión es fundamental para la sismología. Las ondas sísmicas son generadas por eventos tectónicos, como los terremotos, y se propagan a través de la Tierra, transportando información sobre la naturaleza y distribución de las fuerzas involucradas. Hay tres tipos principales de ondas sísmicas: ondas primarias (P), ondas secundarias (S) y ondas superficiales (Rayleigh y Love), cada una caracterizada por diferentes modos de propagación y comportamiento.

Las ondas primarias (P) son ondas longitudinales que se propagan a través de medios sólidos y fluidos, siendo capaces de moverse tanto en el interior de la Tierra como en su superficie. Estas ondas son las más rápidas y, en consecuencia, las primeras que se registran en las estaciones sismológicas después de un terremoto. Su capacidad de propagarse a través de diferentes materiales se debe a la compresión y expansión alternas de las partículas en el medio.

Las ondas secundarias (S) son ondas transversales que se

propagan únicamente en medios sólidos. Estas ondas son más lentas que las ondas P y se mueven perpendicularmente a la dirección de propagación, provocando un movimiento vibratorio perpendicular a la dirección de propagación de la onda. Las ondas S no pueden propagarse a través de líquidos y, por lo tanto, no se observan en el núcleo externo líquido de la Tierra.

Finalmente, las ondas superficiales, que comprenden las ondas de Rayleigh y Love, son ondas que se propagan a lo largo de la superficie terrestre, siendo responsables de la mayor parte de los daños causados por los terremotos. Las ondas de Rayleigh son ondas superficiales que producen movimientos circulares de partículas en el plano perpendicular a la dirección de propagación, mientras que las ondas de Love son ondas superficiales que producen movimientos horizontales perpendiculares a la dirección de propagación. Ambas ondas son el resultado de la interacción de las ondas P y S con la superficie terrestre y son cruciales para comprender la distribución y el impacto de los terremotos.

Estructura interna de la Tierra:

El estudio de la estructura interna de la Tierra es fundamental para comprender los procesos geológicos y sísmicos que ocurren en el interior del planeta. A partir del análisis de las ondas sísmicas generadas por los terremotos, es posible inferir la composición y distribución de las diferentes capas geológicas que conforman la Tierra.

La corteza terrestre es la capa más externa y delgada de la Tierra, compuesta de rocas sólidas y fragmentadas en placas tectónicas. Debajo de la corteza se encuentra el manto, una región más gruesa compuesta de rocas sólidas y parcialmente fundidas. El manto se subdivide en manto superior y manto inferior, con diferentes propiedades físicas y químicas.

En el núcleo de la Tierra se encuentran el núcleo exterior y el núcleo interior. El núcleo externo es una región líquida de hierro y níquel, ubicada debajo del manto, mientras que el núcleo interno es una región sólida de estos mismos materiales, ubicada en el centro del planeta.

Entre las diferentes capas geológicas existen importantes discontinuidades que marcan transiciones abruptas en las propiedades físicas y químicas del material terrestre. La discontinuidad de Mohorovičić (Moho), por ejemplo, separa la corteza del manto y se caracteriza por un cambio en la velocidad de las ondas sísmicas. Otra discontinuidad importante es la discontinuidad de Gutenberg, que separa el manto del núcleo y marca la transición entre materiales sólidos y líquidos.

Sismometría de alta precisión

La sismometría de alta precisión constituye un enfoque avanzado para la detección y monitoreo de eventos sísmicos, caracterizado por el uso de instrumentación altamente sensible y métodos de análisis refinados. Esta técnica se basa en la captura e interpretación de señales sísmicas con extrema precisión, permitiendo la detección de terremotos de baja magnitud y el análisis detallado de la actividad sísmica en zonas de interés geológico.

Los sismómetros de alta precisión son instrumentos diseñados para registrar ondas sísmicas con una sensibilidad excepcional, capturando incluso los movimientos más pequeños del suelo. Estos dispositivos están equipados con componentes sensibles y sofisticados, como sensores de aceleración y velocidad de avance, que les permiten detectar y registrar pequeñas oscilaciones causadas por eventos sísmicos.

Además de la instrumentación, la sismometría de alta precisión también implica el uso de técnicas avanzadas de procesamiento de datos, como el análisis espectral y el filtrado de ruido. Estos métodos permiten extraer información detallada de las señales sísmicas registradas, identificar patrones característicos de diferentes tipos de eventos sísmicos y distinguirlos del ruido de fondo.

El uso de la sismometría de alta precisión ha demostrado ser crucial en varias aplicaciones, desde el seguimiento de la actividad sísmica en zonas de riesgo hasta la investigación de procesos geodinámicos a escala local y regional. La capacidad de detectar y analizar eventos sísmicos con precisión milimétrica permite una comprensión más profunda de la actividad tectónica y contribuye al desarrollo de estrategias efectivas para mitigar y prevenir desastres naturales.

Modelado Numérico y Simulación

El modelado numérico y la simulación son enfoques fundamentales en la investigación de fenómenos sísmicos, permitiendo la representación matemática y computacional de los procesos físicos involucrados en la generación y propagación de ondas sísmicas. Esta metodología se basa en la formulación de ecuaciones que describen las leyes fundamentales de la física, como las ecuaciones del movimiento y las leyes de la termodinámica, adaptadas para representar el comportamiento complejo del sistema Tierra.

Mediante modelación numérica es posible simular el comportamiento de las ondas sísmicas en diferentes escenarios geológicos y bajo diferentes condiciones de contorno. Esto incluye representar fuentes sísmicas como terremotos y actividad volcánica, y modelar la propagación de ondas a través de medios heterogéneos y anisotrópicos como la corteza y el manto de la Tierra.

Las simulaciones numéricas se llevan a cabo en entornos informáticos de alto rendimiento, utilizando algoritmos sofisticados y técnicas avanzadas de discretización numérica. Estos modelos informáticos son capaces de reproducir con precisión los patrones de propagación de las ondas sísmicas y predecir los efectos de los terremotos en diferentes regiones geográficas.

El modelado y la simulación numéricos tienen diversas aplicaciones en sismología, desde predecir riesgos sísmicos y evaluar la vulnerabilidad de estructuras civiles hasta estudiar la dinámica de placas tectónicas e investigar procesos geodinámicos a gran escala. Este enfoque proporciona una comprensión más profunda de los fenómenos sísmicos y contribuye al desarrollo de estrategias efectivas para mitigar y adaptarse a los desastres naturales.

Estudios multidisciplinarios

Un enfoque multidisciplinario de la investigación sísmica es esencial para una comprensión integral de los fenómenos geodinámicos y los riesgos sísmicos asociados. Esta metodología integra datos y conocimientos de diferentes áreas científicas, como geografía, geología, geofísica, geodesia, ingeniería civil e informática, para un análisis holístico de los procesos sísmicos y sus implicaciones geodinámicas.

La colaboración entre diferentes disciplinas permite un análisis más profundo y completo de los terremotos y la actividad tectónica, proporcionando una variedad de perspectivas y conocimientos complementarios. Por ejemplo, la geología proporciona información sobre la historia geológica y la estructura de la corteza terrestre, mientras que la geofísica ofrece métodos sondeos para investigar las propiedades físicas y químicas del interior de la Tierra.

Además, la geodesia proporciona técnicas para medir los movimientos de la corteza terrestre y las deformaciones de la superficie terrestre, lo que permite una evaluación precisa de la actividad sísmica y del movimiento de las placas tectónicas. La ingeniería civil aporta conocimiento sobre la resistencia y vulnerabilidad de las estructuras ante la acción sísmica, ayudando a desarrollar normas de construcción y medidas de mitigación de riesgos.

La geografía juega un papel fundamental en los estudios multidisciplinarios de sismología y terremotos, proporcionando una perspectiva espacial y contextual para comprender la distribución y efectos de los eventos sísmicos. A través de esta ciencia es posible analizar la distribución geográfica de los terremotos, identificar áreas de alto riesgo sísmico y comprender los patrones de movimiento de las placas tectónicas.

Además, la geografía contribuye a comprender los impactos de los terremotos en el paisaje de la Tierra y las comunidades humanas. Permite mapear áreas afectadas por terremotos, identificar vulnerabilidades geográficas y socioeconómicas y evaluar la capacidad de respuesta y recuperación de las comunidades afectadas.

El análisis geográfico también es fundamental para comprender las complejas interacciones entre los procesos tectónicos y otros fenómenos naturales, como el vulcanismo, los tsunamis y los movimientos de masa. Ayuda a identificar patrones de actividad sísmica en diferentes regiones geográficas, relacionándolos con características geológicas, topográficas y climáticas específicas.

Además, esta ciencia proporciona una base espacial para integrar datos y conocimientos de diferentes disciplinas científicas, facilitando la colaboración entre geólogos, geofísicos, ingenieros civiles, sociólogos y otros especialistas.

La informática juega un papel fundamental en el análisis e interpretación de grandes volúmenes de datos sísmicos, así como en el modelado numérico y simulación de terremotos y procesos geodinámicos. El uso de técnicas avanzadas de análisis de datos y visualización tridimensional permite un análisis más preciso y detallado de los fenómenos sísmicos y sus consecuencias.

En resumen, los estudios multidisciplinarios son esenciales para avanzar en el conocimiento sobre los terremotos y la actividad tectónica, proporcionando una base sólida para el desarrollo de estrategias de mitigación de riesgos y protección de las comunidades humanas contra los impactos de los desastres naturales. La colaboración entre diferentes disciplinas científicas es crucial para abordar los complejos desafíos asociados con la comprensión y la prevención de los terremotos.

Estudios detallados de sismología y terremotos han revelado la complejidad de los procesos geodinámicos que dan forma a la corteza terrestre. A través de la integración de varias disciplinas científicas, hemos avanzado significativamente en la comprensión de los fenómenos sísmicos y la prevención de desastres naturales.

Las técnicas avanzadas de detección, seguimiento y modelización numérica han permitido un análisis más preciso y detallado de la actividad sísmica y sus efectos.

Sin embargo, a pesar de los avances logrados, todavía queda mucho por explorar y comprender sobre los terremotos y su interacción con el medio ambiente terrestre. El desafío sigue siendo el desarrollo de métodos y tecnologías más avanzados, así como la colaboración continua entre científicos de diversas disciplinas, para abordar los complejos desafíos asociados con la sismología y la protección de las comunidades de los peligros sísmicos.

En última instancia, es crucial mantener el compromiso con la investigación científica y la cooperación internacional para avanzar en la comprensión de los terremotos y garantizar la seguridad y el bienestar de las poblaciones de todo el mundo. Sólo a través del esfuerzo conjunto y la dedicación continua podremos afrontar los desafíos que plantean los fenómenos sísmicos.

CAPÍTULO 6: FORMACIONES DE TSUNAMI

Al introducir los tsunamis, es esencial comprender la naturaleza de estos fenómenos oceánicos extremadamente poderosos. Los tsunamis, también llamados tsunamis, son eventos catastróficos desencadenados por una serie de factores geodinámicos, generalmente asociados con terremotos submarinos, pero también pueden ser el resultado de erupciones volcánicas, deslizamientos de tierra submarinos e incluso impactos de meteoritos.

La formación de un tsunami suele comenzar con un evento repentino que altera el fondo del océano, como un terremoto submarino. Cuando se produce una ruptura en la corteza terrestre debajo del océano, se libera una gran cantidad de energía, lo que desencadena una onda inicial conocida como onda de desplazamiento. Esta ola perturba la superficie del océano y genera una serie de ondas de período largo que se propagan radialmente desde el punto de origen.

El desplazamiento repentino del fondo marino da como resultado una redistribución de la masa de agua, creando una ola que se mueve rápidamente a través del agua. Esta ola inicial es sólo el comienzo de lo que podría convertirse en un fenómeno devastador. Cuando una ola de tsunami se mueve a través del océano puede viajar a velocidades extremadamente altas, alcanzando a veces cientos de kilómetros por hora en aguas profundas.

Sin embargo, a medida que se acerca a la costa y se encuentra con aguas menos profundas, esta ola comienza a disminuir su velocidad y su altura aumenta significativamente. Este fenómeno se conoce como amplificación del tsunami. Cuando la ola finalmente llega a la costa, puede provocar grandes inundaciones y destrucción masiva, lo que representa una grave amenaza para las comunidades costeras.

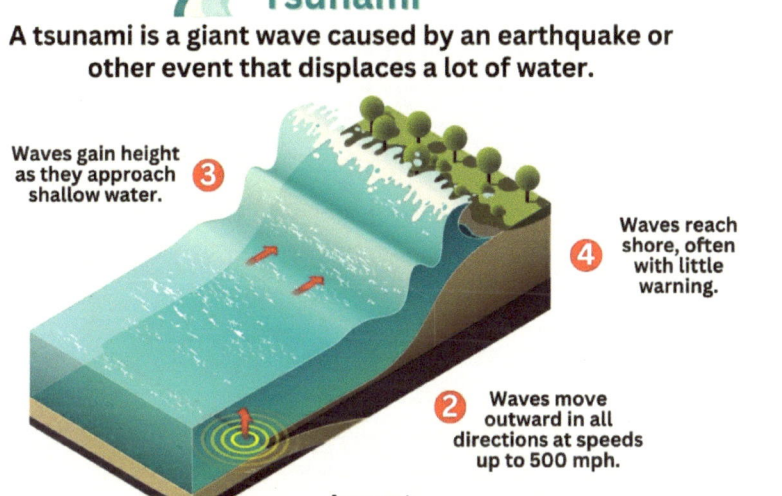

Tsunami

A tsunami is a giant wave caused by an earthquake or other event that displaces a lot of water.

Waves gain height as they approach shallow water. ③

Waves reach shore, often with little warning. ④

② Waves move outward in all directions at speeds up to 500 mph.

① An event displaces a large volume of water.

sciencenotes.org

Créditos de imagen

Las características distintivas de los tsunamis los diferencian de las olas ordinarias en varios aspectos importantes, dándoles una naturaleza única y potencialmente devastadora:

1. Longitudes de onda largas: A diferencia de las olas normales, los tsunamis tienen longitudes de onda extraordinariamente largas, alcanzando hasta 200 millas. Esta longitud excepcional implica que la distancia entre crestas de olas adyacentes se puede medir en millas o kilómetros, a diferencia de la longitud de onda más modesta de 60 a 150 m (200 a 490 pies) característica de las olas generadas por el viento.

2. Alta velocidad: Los tsunamis son conocidos por su impresionante velocidad, alcanzando hasta 500-800 km/h (310-500 mph) en ciertos casos. Esta rápida propagación tiene implicaciones importantes, ya que el tiempo de respuesta es crucial para mitigar el impacto de las olas, lo que pone de relieve la necesidad de sistemas eficaces de alerta temprana y medidas de evacuación rápidas.

3.Aumento repentino de la altura: aunque los tsunamis apenas se notan en aguas profundas, su altura aumenta drásticamente a medida que se acercan a zonas costeras menos profundas. Este fenómeno puede provocar un crecimiento exponencial de la altura de las olas, culminando en una devastación considerable cuando llegan a tierra. Por tanto, es posible que un barco que navega en aguas profundas no se vea afectado por un tsunami que cause daños importantes en las zonas costeras.

Según el sitio web Sciense Notes, enumeramos los 10 tsunamis de mayor importancia histórica:

1. Tsunami del Océano Índico, 2004: Originado por un enorme terremoto submarino frente a la costa de Sumatra, Indonesia, este tsunami se considera uno de los desastres naturales más mortíferos de la historia y provocó más de 230.000 muertes en 14 países, incluidos Tailandia y Sri Lanka. e India.

2. Tsunami de Tohoku, Japón, 2011: Generado por un terremoto de magnitud 9,0, este tsunami desencadenó el desastre nuclear de Fukushima, causando alrededor de 16.000 muertes y teniendo un importante impacto económico.

3. Tsunami de la Bahía de Lituya, Alaska, 1958: Caracterizado por la ola de tsunami más grande jamás registrada, que alcanzó los 1.720 pies, este tsunami fue causado por un deslizamiento de tierra, lo que provocó menos víctimas humanas pero demostró la formidable fuerza de los tsunamis.

4. Gran Terremoto y Tsunami de Lisboa, 1755: Ocurrido el día de Todos los Santos, este evento catastrófico devastó Lisboa, Portugal, y afectó vastas áreas de Europa y el norte de África, llegando la ola del tsunami al Caribe.

5. Tsunami de Krakatoa, Indonesia, 1883: Originado por la

erupción del volcán Krakatoa, este tsunami tuvo olas de hasta 135 pies y causó alrededor de 36.000 muertes, siendo su impacto audible a 3.000 millas de distancia.

6. Tsunami de Messina, Italia, 1908: Provocado por un terremoto en el Estrecho de Messina, este tsunami provocó la muerte de aproximadamente 80.000 personas en Messina y Reggio Calabria.

7. Tsunami de Nankaido, Japón, 1707: Uno de los primeros tsunamis bien documentados, este evento fue causado por un terremoto de gran magnitud y provocó importantes pérdidas de vidas y propiedades en Japón.

8. Tsunami de Papúa Nueva Guinea, 1998: Originado por un deslizamiento de tierra submarino, este tsunami produjo olas de hasta 15 metros de altura y causó más de 2.200 muertes.

9. Tsunami de Sanriku, Japón, 1896: Conocido por sus grandes alturas, este tsunami fue el resultado de un terremoto submarino e impactó la costa de Sanriku, Japón, causando la muerte de más de 22.000 personas.

10. Tsunami de Chile, 1960: Provocado por el terremoto más poderoso jamás registrado, de 9,5 grados, este tsunami afectó a toda la región del Pacífico, provocando muertes en lugares tan lejanos como Hawaii, Japón y Filipinas.

Estos tsunamis históricos resaltan vívidamente el inmenso poder y la devastación potencial de este fenómeno natural. Comprender estos eventos puede contribuir a mejorar las estrategias de preparación y respuesta para futuros tsunamis.

Otro dato relevante es que alrededor del 80% de los tsunamis se observan en el Océano Pacífico, aunque pueden ocurrir en cualquier gran masa de agua, incluidos los lagos. Además, la topografía de la costa juega un papel crucial. Por ejemplo, a lo largo de la historia, Japón se ha enfrentado a más de un centenar de acontecimientos de esta naturaleza, a diferencia de Taiwán, situada cerca, que ha registrado sólo dos. Sin embargo, según la NOAA, la predicción precisa de los tsunamis sigue siendo un desafío, incluso cuando se conoce la magnitud y la ubicación del terremoto. Los geólogos, oceanógrafos y sismólogos realizan un análisis detallado de cada terremoto y, en función de varios factores, pueden emitir o no un aviso de alerta. Sin embargo, existen indicadores de alerta temprana de un tsunami inminente, y los sistemas automatizados pueden proporcionar alertas inmediatas después de un terremoto, lo que podría salvar vidas. Un ejemplo notable es el uso de sensores de presión en el fondo acoplados a boyas, que monitorean continuamente la presión de la columna de agua sobre ellas.

Las regiones con alto riesgo de tsunami generalmente implementan sistemas de alerta para informar a la población antes de que la ola llegue a la costa. En la costa oeste de Estados Unidos, sujeta a tsunamis provenientes del Océano Pacífico, se establecen señales de alerta que indican rutas de evacuación.

En Japón, donde la población es muy consciente de la amenaza de terremotos y tsunamis, las señales de advertencia son un recordatorio constante de los peligros naturales. Además, existe una red de sirenas de advertencia, a menudo ubicadas en lo alto de acantilados cerca de colinas.
El Sistema de Alerta de Tsunamis del Pacífico, con sede en Honolulu, Hawaii, monitorea la actividad sísmica en el Océano Pacífico. La detección de un terremoto de magnitud suficientemente significativa, junto con otra información relevante, activa una alerta de tsunami.

Es importante destacar que no todos los terremotos en las zonas de subducción del Pacífico provocan tsunamis. Por lo tanto, las computadoras juegan un papel crucial en la evaluación del riesgo asociado con cada terremoto que ocurre en el Océano Pacífico y las regiones terrestres adyacentes.

Otro factor preponderante son las perturbaciones en la ionosfera, que pueden desempeñar un papel crucial como sistema de alerta.

Durante el terremoto y tsunami de 2011 en Japón se produjeron varios efectos impactantes, incluidas ondas en el paisaje y el mar que también se reflejaron en la ionosfera, una capa atmosférica situada por encima de los 85 kilómetros de altitud, donde las moléculas son ionizadas por la radiación solar. El terremoto generó ondas acústicas y de Rayleigh que se propagaron a la ionosfera en tan solo 10 minutos después del evento. Un estudio reciente investigó observaciones de perturbaciones ionosféricas itinerantes (TID) a lo largo de las trayectorias de dos satélites GNSS, comparándolas con simulaciones de TID. Tanto en las observaciones como en las simulaciones, las perturbaciones ionosféricas del avance del tsunami (ATID) se identificaron como picos secundarios en la variación temporal de los TID, que aparecieron entre 30 y 90 minutos antes de la llegada del tsunami.

La detección temprana (60 minutos antes de la llegada del tsunami) de los TID en la ionosfera, situados 10° por delante de la onda de choque, los convierte en un indicador importante para detectar el fenómeno en zonas distantes. Esto puede complementar los sistemas existentes de alerta temprana de tsunamis y ofrecer una solución de bajo costo.

Además, algunos zoólogos han planteado la hipótesis de que determinadas especies animales tienen la capacidad de detectar ondas de Rayleigh subsónicas generadas por terremotos o tsunamis. Si se confirma, esta capacidad podría permitir el uso del comportamiento animal como indicador temprano de actividad sísmica.

Sin embargo, la evidencia al respecto es controvertida y aún no ha sido ampliamente aceptada. Algunas afirmaciones durante el terremoto de Lisboa indican que ciertos animales migraron a tierras más altas, mientras que otros permanecieron en las zonas afectadas y se ahogaron. De manera similar, se realizaron observaciones en Sri Lanka durante el terremoto del Océano Índico de 2004. Existe la posibilidad de que ciertos animales, como los elefantes, pudieran percibir los sonidos del tsunami a medida que se acercaba a la costa, provocando que se alejaran del peligro inminente. Por el contrario, muchos humanos fueron a la costa a investigar y terminaron perdiendo la vida como resultado.

CAPÍTULO 7: IMPACTO AMBIENTAL Y ECOLÓGICO DE LOS TSUNAMIS

La región costera, también conocida como zona nerítica, constituye una zona de transición entre el medio continental y el océano. Este espacio se caracteriza por la influencia de las mareas y la capacidad de la luz de penetrar hasta las capas más profundas, favoreciendo así la ocurrencia de la fotosíntesis.

Es una franja de tierra compleja, dinámica y cambiante, sujeta a diversos procesos geológicos. La acción mecánica de las olas, corrientes y mareas juega un papel fundamental en la configuración de las características de las zonas costeras, dando lugar a procesos de erosión o deposición.

Comprender los impactos de los tsunamis en el medio marino es crucial para evaluar el efecto total de estos eventos catastróficos en los ecosistemas costeros. Este capítulo busca analizar los daños causados por los tsunamis a los arrecifes de coral, los hábitats costeros y la vida acuática, destacando los efectos adversos inmediatos y a largo plazo, así como las implicaciones para la conservación marina.

Examinar los daños causados a los arrecifes de coral por los tsunamis requiere un análisis exhaustivo de las complejas interacciones entre las ondas de choque y estos ecosistemas marinos extremadamente diversos. Los tsunamis ejercen fuerzas físicas considerables sobre los arrecifes, provocando una variedad de impactos que comprometen su integridad estructural y funcionalidad ecológica.

Las ondas de choque generadas por los tsunamis imponen una tensión mecánica directa sobre los corales, lo que provoca daños físicos que van desde fracturas hasta la desintegración completa de las estructuras de los arrecifes. La intensidad de las olas también puede transportar sedimentos y desechos, que pueden depositarse en los arrecifes, cubriendo los corales y asfixiándolos, interfiriendo así con el vital intercambio de gases y alimentos.

Además, la turbidez del agua aumenta durante los tsunamis, debido al transporte de sedimentos, lo que tiene consecuencias negativas para los corales. La disminución de la penetración de la luz solar perjudica la fotosíntesis que llevan a cabo las zooxantelas, organismos simbióticos presentes en los corales, provocando el blanqueamiento y la muerte de estos organismos. Tal pérdida no sólo reduce la diversidad biológica de los arrecifes, sino que también afecta negativamente la estructura y función de los ecosistemas de arrecifes.

Los daños a los arrecifes de coral durante los tsunamis tienen implicaciones a largo plazo para la salud y la resiliencia de estos ecosistemas marinos cruciales. La recuperación después de un tsunami puede ser un proceso largo e intrincado, influenciado por varios factores que determinan la velocidad y el alcance de la recuperación.

Otro tema relevante es la erosión costera, uno de los principales impactos de los tsunamis en los hábitats de estas zonas. Cuando las ondas de choque golpean la costa, pueden eliminar grandes cantidades de sedimentos y materiales costeros, lo que provoca la destrucción de hábitats como manglares y playas. La pérdida de estos hábitats no sólo disminuye la biodiversidad local, sino que también compromete la protección natural contra fenómenos climáticos extremos y la estabilidad de la costa.

Además de la erosión, los tsunamis también pueden provocar la deposición de sedimentos en estas zonas. El transporte de sedimentos por las olas de un tsunami puede resultar en la acumulación de material sedimentario en estuarios y manglares, afectando la calidad del agua y la biodiversidad en estos ecosistemas. La deposición excesiva de sedimentos también puede obstruir los canales de navegación e interferir con las actividades pesqueras y turísticas.

La destrucción de hábitats costeros durante los tsunamis tiene implicaciones importantes para la resiliencia ecológica de estos ecosistemas. La pérdida de manglares, por ejemplo, reduce la capacidad de protección contra tormentas, aumentando la vulnerabilidad de las comunidades de esta región a eventos extremos. Además, la erosión costera puede provocar la pérdida de zonas de reproducción y alimentación de especies marinas, afectando a toda la cadena alimentaria.

Las consecuencias de los tsunamis para la vida marina son enormes y abarcan diversos aspectos de la biodiversidad y la ecología marinas. La exposición a ondas de choque puede causar daños directos a la fauna marina, incluida la mortalidad de organismos frágiles y la destrucción de hábitats esenciales. La eliminación de manglares y praderas marinas puede privar a las especies de hábitats críticos para su reproducción y alimentación, comprometiendo la viabilidad de su población. Además, la deposición de sedimentos en estuarios y zonas costeras puede alterar la calidad del agua y afectar la disponibilidad de alimento para los organismos bentónicos y que se alimentan por filtración. La turbidez resultante del transporte de sedimentos también puede interferir con la fotosíntesis de los organismos fotosintéticos, afectando la producción primaria y la disponibilidad de alimentos en la cadena alimentaria marina. Estos impactos pueden desencadenar efectos en cascada en toda la comunidad marina, lo que resultará en cambios en la estructura y dinámica de los ecosistemas costeros. En última instancia, comprender las consecuencias de los tsunamis para la vida marina es crucial para la conservación y gestión sostenible de los recursos marinos, promoviendo la resiliencia de los ecosistemas costeros ante eventos extremos.

La Franja Costera Brasileña se extiende, en su parte terrestre, por más de 8.500 kilómetros, abarcando 17 unidades federativas y más de cuatrocientos municipios, desde el Norte ecuatorial hasta el Sur templado del país.

Además, comprende el espacio marítimo constituido por el mar territorial, extendiéndose a 12 millas náuticas desde la línea costera. Brasil tiene una de las mayores extensiones costeras del mundo, entre la desembocadura del río Oiapoque, en Amapá, y Chuí, en Rio Grande do Sul. La Región Marina comienza en la franja costera y abarca la plataforma continental marina y la Zona Económica Exclusiva. Zona – ZEE, que, en el caso de Brasil, se extiende hasta 200 millas desde la costa.

Zona de manglares en Superagui, Paraná. Foto: Duda Menegassi.

La zona costera de América del Norte es vasta y diversa y cubre un área importante a lo largo de las costas este, oeste y del golfo de los Estados Unidos. Esta zona se caracteriza por una combinación única de ecosistemas marinos, estuarinos y terrestres, que juegan roles fundamentales en la ecología, economía y cultura del país.

En la costa este destacan regiones como la Costa Atlántica, que se extiende desde Maine hasta Florida e incluye una variedad de hábitats costeros como playas, estuarios, marismas y arrecifes de coral. Esta zona es conocida por su rica biodiversidad, con una amplia variedad de especies marinas y aves migratorias.

En la costa oeste, la zona costera del Pacífico se extiende desde el estado de Washington hasta California y presenta un paisaje costero espectacular que incluye acantilados escarpados, playas de arena y exuberantes bosques costeros. Esta región es famosa por su belleza natural y su importancia como hábitat de especies marinas como lobos marinos, ballenas y aves marinas.

Costa de California: Bahía de la Media Luna

En Estados Unidos, la Costa del Golfo abarca los estados de Texas, Luisiana, Mississippi, Alabama y Florida, y se caracteriza por un paisaje costero dominado por extensos estuarios, marismas y manglares. Esta área es vital para la pesca comercial, ya que proporciona hábitat para una variedad de especies de peces, camarones y mariscos.

Además de su importancia ambiental, la zona costera de América del Norte juega un papel crucial en la economía del país, proporcionando recursos naturales como petróleo, gas natural, mariscos y turismo. Sin embargo, esta región también enfrenta desafíos importantes, incluida la erosión costera, la contaminación del agua y el aumento del nivel del mar, que amenazan la salud y la resiliencia de los ecosistemas costeros y las comunidades que dependen de ellos.

Aún así, la zona costera de Europa es vasta y diversa y se extiende por miles de kilómetros alrededor de todo el continente. Esta región se caracteriza por una gran variedad de paisajes, ecosistemas y culturas, desempeñando un papel fundamental en la vida de los países europeos.

A lo largo de la costa atlántica, países como Portugal, España, Francia, Reino Unido e Irlanda tienen un litoral marcado por impresionantes acantilados, playas de arena, estuarios y bahías resguardadas. Estas zonas costeras son conocidas por su belleza natural y su importancia como hábitat para una amplia diversidad de vida marina, incluidas aves marinas, mamíferos marinos y peces migratorios.

En la costa del Mar del Norte, países como los Países Bajos, Bélgica, Alemania y Dinamarca enfrentan desafíos únicos debido a la amenaza de la erosión costera y la necesidad de protección contra inundaciones. Estas naciones han desarrollado sistemas avanzados de gestión costera, incluidos diques, presas y sistemas de drenaje, para proteger sus tierras bajas y ciudades costeras.

En el Mediterráneo, países como España, Italia, Grecia y Croacia tienen una costa salpicada de calas solitarias, islas pintorescas y antiguas ciudades costeras. Esta región es famosa por su clima templado, sus playas de arena dorada y su rico patrimonio cultural, que atrae a millones de turistas cada año.

Además de su importancia ambiental y cultural, la zona costera de

Europa desempeña un papel crucial en la economía de la región, proporcionando recursos naturales como mariscos, sal y turismo. Sin embargo, esta región también enfrenta desafíos importantes, como la contaminación del agua, el desarrollo costero insostenible y los efectos del cambio climático, que amenazan la salud y la resiliencia de los ecosistemas costeros y las comunidades que dependen de ellos.

En Asia, la zona costera de Japón es un área de gran importancia geográfica, económica y cultural, extendiéndose a lo largo de las cuatro islas principales del archipiélago japonés: Honshu, Hokkaido, Kyushu y Shikoku, así como varias islas más pequeñas. Esta región tiene un paisaje costero diverso, que incluye penínsulas, calas, bahías, playas, acantilados e islas.

La costa de Japón limita con el Océano Pacífico al este, el Mar de Japón al oeste y el Mar de China Oriental al sur, lo que proporciona una variedad de ambientes marinos y estuarinos. Esta zona es conocida por su rica biodiversidad marina, que incluye una amplia variedad de especies de peces, crustáceos, moluscos y mamíferos marinos.

Además de su importancia ambiental, la zona costera de Japón desempeña un papel crucial en la economía del país, proporcionando recursos naturales como mariscos, algas y minerales, además de ser una importante ruta comercial y marítima. Las ciudades costeras de Japón son centros de actividad económica y cultural, hogar de concurridos puertos, industrias pesqueras y turísticas, así como importantes sitios históricos y culturales.

Sin embargo, la zona costera de Japón también enfrenta desafíos importantes, incluida la amenaza de tsunamis y terremotos, que pueden causar graves daños a la infraestructura costera y a las comunidades locales. Además, la contaminación del agua, el desarrollo costero insostenible y el cambio climático plantean amenazas adicionales a la salud y la resiliencia de los ecosistemas costeros del país.

Para abordar estos desafíos, Japón ha implementado una serie de medidas de gestión costera, incluida la construcción de barreras contra tsunamis, el monitoreo de la calidad del agua y la promoción del desarrollo sostenible de las comunidades costeras. Estas iniciativas tienen como objetivo proteger los recursos naturales y culturales de la zona costera de Japón y garantizar su sostenibilidad para las generaciones futuras.

Isla Miyako/a unos 300 kilómetros de Okinawa.

Playa Yoron, Japón

CAPÍTULO 8: PERSPECTIVAS FUTURAS E INVESTIGACIÓN EN SISMOLOGÍA

Los avances tecnológicos en sismología han desempeñado un papel clave en la mejora de la comprensión de los terremotos y la capacidad de monitorear y predecir eventos sísmicos. Estas innovaciones cubren una amplia gama de áreas, desde la detección y medición de movimientos sísmicos hasta el análisis e interpretación de datos.

Una de las tecnologías de mayor impacto en sismología es el desarrollo de redes de sensores sísmicos distribuidos. Estas redes constan de una serie de sensores sísmicos interconectados que se instalan en diferentes ubicaciones geográficas. Son capaces de detectar y registrar movimientos sísmicos en tiempo real, proporcionando una visión detallada de la actividad sísmica en una región determinada. Además, estos sensores suelen estar equipados con tecnología de transmisión de datos en tiempo real, lo que permite una respuesta rápida a eventos sísmicos.

Otro avance tecnológico significativo es el uso de satélites de observación de la Tierra para monitorear las deformaciones de la corteza terrestre. Estos satélites están equipados con instrumentos sensibles que pueden medir variaciones mínimas en la superficie de la Tierra, permitiendo mapear movimientos tectónicos y detectar deformaciones previas a los terremotos. Esta capacidad de monitoreo remoto es especialmente útil en áreas geográficamente complejas donde la instalación de sensores terrestres puede ser un desafío.

Además, el desarrollo de modelos computacionales avanzados ha sido fundamental para el análisis e interpretación de datos sísmicos. Estos modelos utilizan complejos algoritmos para simular el comportamiento de los terremotos y predecir sus efectos en diferentes escenarios. Son capaces de integrar una variedad de datos, incluidos datos sísmicos, geológicos y geofísicos, proporcionando una comprensión integral de los procesos tectónicos subyacentes.

Las áreas de investigación emergentes en sismología están a la vanguardia del desarrollo científico y tecnológico y abordan cuestiones complejas y desafiantes relacionadas con los terremotos y los procesos tectónicos. Estas áreas representan oportunidades prometedoras para avanzar en nuestra comprensión de los fenómenos sísmicos y mejorar nuestras capacidades de predicción y mitigación de riesgos. Algunos de los campos más destacados incluyen:

1. Detección previa a la ruptura sísmica: una de las áreas más interesantes es el desarrollo de métodos para detectar señales precursoras de terremotos, conocidas como ruptura previa sísmica. Esto implica el uso de técnicas avanzadas de análisis de datos para identificar patrones y anomalías en los registros sísmicos que pueden indicar una ruptura sísmica inminente. La detección temprana de estos signos puede proporcionar información valiosa para alertar a las comunidades sobre terremotos inminentes.

2. Modelado de incertidumbre: Otra área de investigación en crecimiento es el modelado de incertidumbre en sismología, que busca cuantificar e incorporar la incertidumbre en modelos y predicciones sísmicas. Esto es esencial para proporcionar estimaciones realistas del riesgo sísmico y tomar decisiones informadas sobre medidas de mitigación y adaptación. Se están desarrollando métodos estadísticos avanzados y técnicas de simulación para abordar la complejidad y variabilidad de los sistemas sísmicos.

3. Integración de datos multidisciplinarios: La integración de datos de diferentes fuentes y disciplinas es un área de investigación en sismología cada vez más importante como

hemos cubierto anteriormente. Esto incluye combinar datos sísmicos con datos geológicos, geofísicos y geodésicos para obtener una comprensión más completa de los procesos tectónicos subyacentes. Un enfoque multidisciplinario es esencial para reconstruir la historia sísmica de una región y evaluar su potencial de riesgo sísmico.

4. Aplicación de la Inteligencia Artificial: El uso de la inteligencia artificial y el aprendizaje automático es cada vez más común en el análisis e interpretación de datos sísmicos. Estas técnicas pueden ayudar a identificar patrones y tendencias en los datos sísmicos que pueden no ser obvios para los investigadores humanos. Esto puede conducir a conocimientos nuevos e inesperados sobre los procesos sísmicos y mejorar la precisión de las predicciones sísmicas.

5. Monitoreo y modelado de la deformación de la corteza terrestre: El monitoreo y modelado de la deformación de la corteza terrestre son áreas clave de investigación que tienen como objetivo comprender cómo se acumulan y liberan las tensiones con el tiempo. Esto incluye el uso de técnicas geodésicas y geofísicas avanzadas para medir cambios en la superficie de la Tierra y modelos numéricos para simular el comportamiento de fallas geológicas. Una comprensión más profunda de estos procesos es fundamental para predecir y mitigar los riesgos asociados con los terremotos.

CAPÍTULO 9: IMPACTO SOCIOECONÓMICO DE LOS TERREMOTOS Y TSUNAMIS

Los terremotos y tsunamis representan amenazas que trascienden los límites geográficos y temporales y repercuten profundamente en la estructura social y económica de las regiones afectadas. Estos acontecimientos catastróficos desencadenan una cascada de consecuencias humanitarias y económicas, desde pérdidas irreparables de vidas hasta la destrucción generalizada de infraestructura vital. Una comprensión integral del impacto socioeconómico de estos fenómenos es fundamental no sólo para evaluar el alcance de la tragedia humana, sino también para orientar estrategias eficaces de respuesta, recuperación y reconstrucción. En este contexto, buscamos explorar los intrincados desarrollos sociales y económicos desencadenados por terremotos y tsunamis, destacando los desafíos apremiantes que enfrentan las comunidades afectadas y delineando caminos para una respuesta efectiva a estos eventos devastadores.

Los terremotos y tsunamis son fenómenos naturales de gran magnitud que, además de causar cuantiosos daños materiales, provocan importantes pérdidas humanas. Este aspecto intrínseco de estos desastrosos acontecimientos representa no sólo una tragedia humanitaria inmediata, sino también una crisis a largo plazo que afecta profundamente las estructuras sociales y económicas de las regiones afectadas.

Las pérdidas humanas resultantes de terremotos y tsunamis no se limitan al número de víctimas mortales, sino que abarcan una amplia gama de impactos psicosociales y de salud. Los sobrevivientes individuales a menudo enfrentan un profundo trauma emocional resultante de la pérdida de sus seres queridos, así como desafíos físicos y psicológicos asociados con la experiencia de supervivencia en medio de la destrucción. Además, la propagación de enfermedades, las condiciones insalubres y la escasez de recursos médicos adecuados suelen acompañar a la emergencia humanitaria provocada por estos desastres naturales.

En cuanto a los daños materiales, los terremotos y tsunamis tienen el potencial de causar una destrucción masiva de la infraestructura urbana y rural. Los edificios residenciales, comerciales e industriales a menudo quedan reducidos a escombros, mientras que las rutas de transporte, los sistemas de suministro de agua y energía y otros servicios básicos sufren daños generalizados. Esta devastación material no sólo representa una pérdida económica inmediata, sino que también genera importantes impactos sociales, incluido el desplazamiento de población, la alteración de la vida cotidiana y la desestabilización de las comunidades afectadas.

Reconocer la interconexión entre los aspectos humanos y materiales de estas crisis naturales es esencial para adoptar un enfoque integral y holístico para mitigar sus impactos y promover la resiliencia de las comunidades afectadas.

Un aspecto crucial y a menudo subestimado de los terremotos y tsunamis es el desplazamiento masivo de población que se produce como resultado directo de estos eventos catastróficos. El desplazamiento de población, tanto a nivel interno como internacional, es una manifestación tangible de las consecuencias humanitarias y sociales de estos desastres naturales, que entraña una serie de desafíos e implicaciones complejos.

El desplazamiento de población ocurre cuando las personas se ven obligadas a abandonar sus hogares y comunidades debido a daños estructurales irreparables, amenazas inminentes a la seguridad o pérdida de acceso a recursos básicos esenciales. Esto puede generar una variedad de dificultades, incluida la búsqueda de refugio temporal, acceso limitado a agua potable y alimentos, desafíos de salud pública y la necesidad de reasentamiento a largo plazo.

Los efectos del desplazamiento de población son variados y de gran alcance, y afectan no sólo a las personas desplazadas directamente sino también a las comunidades receptoras y a estructuras sociales y económicas más amplias. El desplazamiento puede provocar la desintegración de las redes sociales y comunitarias, la fragmentación de las familias y una mayor vulnerabilidad social y económica, especialmente entre los grupos más marginados y vulnerables.

Además, el desplazamiento de población puede generar tensiones y conflictos en las comunidades receptoras, ya que se compite por recursos escasos y las capacidades locales se ven abrumadas por la llegada de nuevos residentes. Esta dinámica puede verse exacerbada por cuestiones de discriminación, estigmatización y exclusión social, lo que hace que el proceso de reasentamiento sea aún más desafiante y traumático para las personas desplazadas.

Comprender los impactos sociales y humanitarios del desplazamiento es esencial para fundamentar políticas y programas eficaces de asistencia humanitaria, reconstrucción posterior a desastres y desarrollo sostenible de las comunidades afectadas.

Los terremotos y tsunamis imponen costos sustanciales a la sociedad en términos de recuperación y reconstrucción de las zonas afectadas. Estos costos cubren una amplia gama de gastos, desde la remoción de escombros hasta la restauración de infraestructura vital y el apoyo a las comunidades afectadas. Una comprensión detallada de los costos asociados con la recuperación y la reconstrucción es fundamental para informar políticas y estrategias efectivas de respuesta a desastres y garantizar una recuperación sostenible y resiliente.

Los costos de recuperación y reconstrucción están influenciados por una serie de factores, incluida la magnitud de los daños causados por terremotos y tsunamis, la escala geográfica de las zonas afectadas, la disponibilidad de recursos financieros y la eficacia de las medidas de preparación y respuesta. Estos costos se pueden dividir en varias categorías principales, que incluyen:

1. Remoción de escombros: El primer paso en la recuperación posterior a un desastre es la remoción de escombros, que implica limpiar y despejar las áreas afectadas para permitir el acceso seguro y facilitar las operaciones de reconstrucción. Esta es una tarea compleja y que requiere mucho tiempo y que puede representar una parte importante de los costos totales de recuperación.

2. Reparación de infraestructura: Los terremotos y tsunamis a menudo causan grandes daños a la infraestructura, incluidos edificios, carreteras, puentes, puertos y redes de suministro de agua y energía. Los costos asociados con la reparación y reconstrucción de estas infraestructuras son sustanciales y pueden tardar años, si no décadas, en recuperarse por completo.

3. Apoyo a las comunidades afectadas: Las comunidades afectadas por terremotos y tsunamis a menudo requieren apoyo financiero y material para satisfacer sus necesidades básicas, como refugio, agua potable, alimentos, asistencia médica y psicosocial. Los costos asociados con estos programas de asistencia humanitaria pueden ser significativos y deben gestionarse cuidadosamente para garantizar una distribución equitativa y eficaz de los recursos disponibles.

4. Desarrollo de medidas de mitigación de riesgos: Además de la recuperación inmediata, es esencial invertir en medidas de mitigación de riesgos a largo plazo para reducir la vulnerabilidad de las comunidades ante futuros terremotos y tsunamis. Esto incluye implementar códigos de construcción más estrictos, fortalecer la infraestructura crítica, educar al público sobre medidas de seguridad y crear sistemas de alerta temprana más efectivos.

En resumen, los costos de recuperación y reconstrucción después de terremotos y tsunamis son sustanciales y pueden suponer una carga importante para los gobiernos locales, nacionales e internacionales. Sin embargo, invertir en estas actividades es esencial para promover una recuperación sostenible y resiliente de las zonas afectadas y reducir el riesgo de futuros desastres naturales.

CONSIDERACIONES FINALES

En este trabajo, exploramos en profundidad la dinámica de la tectónica de placas, desde sus orígenes históricos hasta los desarrollos contemporáneos en sismología y monitoreo geológico. A lo largo de este estudio, surgieron varias conclusiones importantes que proporcionaron una comprensión más completa y profunda de los fenómenos geodinámicos que dan forma a la superficie de la Tierra e influyen en la vida en nuestro planeta.

En primer lugar, quedó claro que la teoría de la tectónica de placas representa un hito paradigmático en las geociencias, al unificar una serie de observaciones y evidencia en un marco teórico coherente. Desde las primeras observaciones de Alfred Wegener sobre la deriva continental hasta las modernas técnicas de seguimiento geodésico y sismológico, nuestra comprensión de la dinámica de la Tierra ha avanzado significativamente, proporcionando conocimientos cruciales sobre la evolución geológica de nuestro planeta.

Además, se ha hecho evidente que la tectónica de placas desempeña un papel fundamental en la configuración de los entornos naturales y la distribución de la vida en la Tierra. Desde la formación de cadenas montañosas y cuencas oceánicas hasta la generación de volcanes y terremotos, los procesos tectónicos moldean continuamente el paisaje de la Tierra e influyen en los patrones de biodiversidad y los ciclos biogeoquímicos globales.

Al considerar los impactos socioeconómicos de los terremotos y tsunamis, observamos que estos eventos naturales representan una amenaza significativa para las sociedades humanas y las economías globales. Las pérdidas humanas, los daños materiales y el desplazamiento de población resultantes de estos desastres requieren una respuesta coordinada y eficaz de las autoridades locales, nacionales e internacionales, con el objetivo de mitigar los impactos adversos y promover la recuperación sostenible de las comunidades afectadas.

Finalmente, al discutir las perspectivas futuras de la investigación en sismología y predicción de tsunamis, destacamos la importancia continua de avanzar en técnicas de monitoreo, modelado y pronóstico para mejorar nuestra capacidad de comprender y mitigar los riesgos asociados con los eventos sísmicos. El desarrollo de nuevas tecnologías, como los sistemas de alerta temprana y los métodos de modelización numérica de alta resolución, promete brindar oportunidades efectivas para avanzar en nuestra comprensión de los procesos geodinámicos y mejorar nuestra capacidad para proteger vidas y propiedades contra los impactos de los terremotos y tsunamis.

En resumen, esta tesis ofrece un análisis completo y detallado de la tectónica de placas y sus efectos en la geografía y la vida en la Tierra. Al integrar una variedad de disciplinas científicas y abordar cuestiones fundamentales relacionadas con la dinámica de la Tierra y los peligros naturales, esperamos que este trabajo contribuya a una comprensión más profunda e informada de los procesos geológicos que dan forma a nuestro planeta e influyen en nuestro destino colectivo como habitantes de la Tierra.

REFERENCIAS BIBLIOGRÁFICAS

ESA: Agencia Espacial Europea:https://www.esa.int/ Applications/Observing_the_Earth/ Expert_s_Roundtable_ASAR_interferometry_promises_hyper-accurate_measurements_from_orbitConsultado el 14/03/2024.

Geociencia Australia:https://www.ga.gov.au/scientific-topics/ positioning-navigation/geodesy/geodetic-techniques/ interferometric-synthetic-aperture-radar

Haugen, K; Lovholt, F; Harbitz, C (2005). Mecanismos fundamentales para la generación de tsunamis por flujos de masa submarinos en geometrías idealizadas. Geología Marina y Petróleo. 22 (1–2): 209–217. Duele:10.1016/ j.marpetgeo.2004.10.016

Lekkas E.; Andreadakis E.; Kostaki I.; Kapurani E. (2013) (en inglés). "Una propuesta para una nueva escala integrada de intensidad de tsunamis (ITIS-2012)". Boletín de la Sociedad Sismológica de América. 103(2B): 1493-1502. Duele:10.1785/0120120099

Levin, Boris; Nosov, Mikhail (2009) (en inglés). La física de los tsunamis. Dordrecht: Springer. ISBN 978-1-4020-8855-1.

Administración Nacional Aeronáutica y Espacial - NASA:https:// svs.gsfc.nasa.gov/10682/

Administración Nacional Oceánica y Atmosférica NOAA:https:// oceanexplorer.noaa.gov/okeanos/explorations/ex1811/ background/geology/welcome.html Consultado el 13/04/2024.

Abe K. (1995). Estimación de las magnitudes de los terremotos durante la fase previa del tsunami.

Voit, SS (en inglés). "Tsunamis" (en inglés). Revisión anual de mecánica de fluidos. 19 (1): 217–236. Duele:10.1146/annurev.fl.19.0187.001245

ACERCA DEL AUTOR

José Ruiz Watzeck

Periodista, Escritor, Autor, Geógrafo, Matemático, Profesor, Neuropsicopedagogo, Especialista en Enseñanza Superior, Postgrado en Auditoría, Gestión y Licencias Ambientales, Postgrado en Geoprocesamiento y Georreferenciación, Pedagogo, especialista en Astronomía y Astrofísica.